全国中等职业技术学校汽车类专业通用教材

Gongcha Peihe yu Jishu Celiang

公差配合与技术测量

（第二版）

刘 涛 主 编

朱俊达 公茂金 狄菲菲 副主编

人民交通出版社股份有限公司
China Communications Press Co.,Ltd.

内 容 提 要

本书是全国中等职业技术学校汽车类专业通用教材,依据《中等职业学校专业教学标准(试行)》以及国家和交通行业相关职业标准编写而成。主要内容包括:极限配合与尺寸检测、几何公差与检测、表面结构要求与检测、圆锥和角度的公差与检测,共计 4 个单元。

本书供中等职业学校汽车类专业教学使用,亦可供汽车维修相关专业人员学习参考。

图书在版编目(CIP)数据

公差配合与技术测量/刘涛主编. —2 版. —北京:
人民交通出版社股份有限公司,2017.7
ISBN 978-7-114-13801-0

Ⅰ.①公…　Ⅱ.①刘…　Ⅲ.①公差—配合—中等专业学校—教材 ②技术测量—中等专业学校—教材　Ⅳ.①TG801

中国版本图书馆 CIP 数据核字(2017)第 094689 号

全国中等职业技术学校汽车类专业通用教材

书　　名:公差配合与技术测量(第二版)
著 作 者:刘　涛
责任编辑:闫东坡
出版发行:人民交通出版社股份有限公司
地　　址:(100011)北京市朝阳区安定门外外馆斜街 3 号
网　　址:http://www.ccpress.com.cn
销售电话:(010)59757973
总 经 销:人民交通出版社股份有限公司发行部
经　　销:各地新华书店
印　　刷:北京市密东印刷有限公司
开　　本:787×1092　1/16
印　　张:9.25
字　　数:214 千
版　　次:2005 年 12 月　第 1 版
　　　　　2017 年 7 月　第 2 版
印　　次:2020 年 8 月　第 2 版　第 2 次印刷　累计第 7 次印刷
书　　号:ISBN 978-7-114-13801-0
定　　价:21.00 元
(有印刷、装订质量问题的图书由本公司负责调换)

第二版前言

FOREWORD

为适应社会经济发展和汽车运用与维修专业技能型紧缺人才培养的需要，交通职业教育教学指导委员会汽车（技工）专业指导委员会于2004年陆续组织编写了汽车维修、汽车电工、汽车检测等专业技工教材、高级技工教材及技师教材，受到广大中等职业学校师生的欢迎。

随着职业教育教学改革的不断深入，中等职业学校对课程结构、课程内容及教学模式提出了更高的要求。《教育部关于深化职业教育教学改革全面提高人才培养质量的若干意见》提出："对接最新职业标准、行业标准和岗位规范，紧贴岗位实际工作过程，调整课程结构，更新课程内容，深化多种模式的课程改革"。为此，人民交通出版社股份有限公司根据教育部文件精神，在整合已出版的技工教材、高级技工教材及技师教材的基础上，依据教育部颁布的《中等职业学校汽车运用与维修专业教学标准（试行）》，组织中等职业学校汽车专业教师再版修订了全国中等职业技术学校汽车类专业通用教材。

此次再版修订的教材总结了全国技工学校、高级技工学校及技师学院多年来的汽车专业教学经验，将职业岗位所需要的知识、技能和职业素养融入汽车专业教学中，体现了中等职业教育的特色。教材特点如下：

1."以服务发展为宗旨，以促进就业为导向"，加强文化基础教育，强化技术技能培养，符合汽车专业实用人才培养的需求；

2.教材修订符合中等职业学校学生的认知规律，注重知识的实际应用和对学生职业技能的训练，符合汽车类专业教学与培训的需要；

3.教材内容与汽车维修中级工、高级工及技师职业技能鉴定考核相吻合，便于学生毕业后适应岗位技能要求；

4.依据最新国家及行业标准，剔除第一版教材中陈旧过时的内容，教材修订量在20%以上，反映目前汽车的新知识、新技术、新工艺；

5.教材内容简洁，通俗易懂，图文并茂，易于培养学生的学习兴趣，提高学习效果。

《公差配合与技术测量》是汽车运用与维修专业基础课之一,教材主要内容包括:极限配合与尺寸检测、几何公差与检测、表面结构要求与检测、圆锥和角度的公差与检测,共计4个单元。本书由山东交通技师学院刘涛担任主编,山东交通技师学院朱俊达、公茂金、狄菲菲担任副主编。教材编写分工为:刘涛编写绪论、第一单元、附表,朱俊达编写第二单元,公茂金编写第三单元,狄菲菲编写第四单元,山东交通技师学院刘晓梅、丁青、温秀华、李亭、高保香参与了部分内容的编写。

　　限于编者经历和水平,教材内容难以覆盖全国各地中等职业学校的实际情况,希望各学校在选用和推广本系列教材的同时,注重总结教学经验,及时提出修改意见和建议,以便再版修订时改正。

编　者

2017 年 3 月

目 录

CONTENTS

绪　　论

 学习目标

完成本单元学习后,你应能:

1. 了解互换性、标准化的概念;

2. 理解几何量误差、公差和测量的基本知识;

3. 熟悉本课程的任务、性质和学习方法。

建议课时:2 课时。

一、互换性

1. 互换性的概念

互换性是指在机械工业中,制成的同一规格的一批零件或部件中,任取其一,不需做任何挑选、调整或辅助加工(如钳工修配),就能进行装配,并能满足机械产品的使用性能要求的一种特性。

互换性是现代生产的一个重要技术经济原则,普遍应用于机械设备和各种家用机电产品中,如图 0-1 所示。

a)自行车上的螺母、辐条、链条等　　　　　　　　b)台灯的灯泡

图 0-1　互换性应用实例

2. 互换性的内容和分类

机械制造和维修行业中的互换性,其内容通常包括几何参数(如尺寸、形状、相互位置)和力学性能(如硬度、强度)的互换性。

按照互换范围的不同,可分为完全互换(绝对互换)和不完全互换(有限互换)。完全互换零件在机械制造中应用广泛。

3.互换性的作用和意义

在使用和维修方面,互换性有其不可取代的优势。当机器的零(部)件突然损坏时,可实现迅速更换,既缩短了维修时间,又能保证维修质量,从而提高机器的利用率并延长机器的使用寿命。

在加工和装配方面,当零件具有互换性时,可以分散加工、集中装配,这样有利于采用高效率的专用设备,提高产量和质量,使成本显著降低;可进行自动装配,从而大大提高生产效率;还可减轻装配工人的劳动强度,缩短装配周期,如图0-2所示。

图0-2 汽车装配生产线

在设计方面,采用具有互换性的标准件和通用件,可以使设计工作简化,缩短设计周期,并便于应用计算机辅助设计。

二、几何量误差、公差

要保证零件具有互换性,就必须保证零件的几何参数的准确性(即零件的精度)。零件在加工过程中,由于机床精度、计量器具精度、操作工人技术水平及生产环境等诸多因素的影响,其加工后得到的几何参数会不可避免地偏离设计时的理想要求而产生误差,这种误差称为零件的几何量误差。具有几何量误差的零件可能影响到零件的使用性能,但只要将误差控制在一定范围内,仍能满足其使用功能要求,即满足零件的互换性要求。

几何量误差主要包含尺寸误差、几何误差和表面微观形状误差(表面粗糙度)等。

为了控制几何量误差,提出了公差的概念。几何量公差就是零件几何参数允许的变动量,它包括尺寸公差、几何公差等,如 $\phi 40^{+0.021}_{-0.010}$ 表示直径尺寸允许的变动量。因此,只有将零件的误差控制在相应的公差范围内,才能保证互换性的实现。

三、标准与标准化

标准即技术上的法规,建立各种几何参数的公差标准,是实现对零件误差的控制和实现零部件互换性的基础。

标准化是指制定标准与贯彻标准的全过程。标准化领域很广泛,为了保证基层标准与上级标准的统一、协调,我国标准分为国家标准、行业标准、地方标准和企业标准。

本课程所讲述的极限与配合标准、几何公差标准、表面结构要求等均是国家指定的重要技术基础标准,是保证互换性的基础。具体包括《产品几何技术规范(GPS)极限与配合》

(GB/T 1182—2008)、《产品几何技术规范(GPS)几何公差标注》(GB/T 1800.1—2009)、《产品几何技术规范(GPS)表面结构的表示方法》(GB/T 131—2006)、《公差原则》(GB/T 4249—2009)等。这些都是极限与配合方面最新的国家标准。

每个国家标准封面上都包含标准号、标准名称、发布时间、实施时间等内容,如图0-3所示。

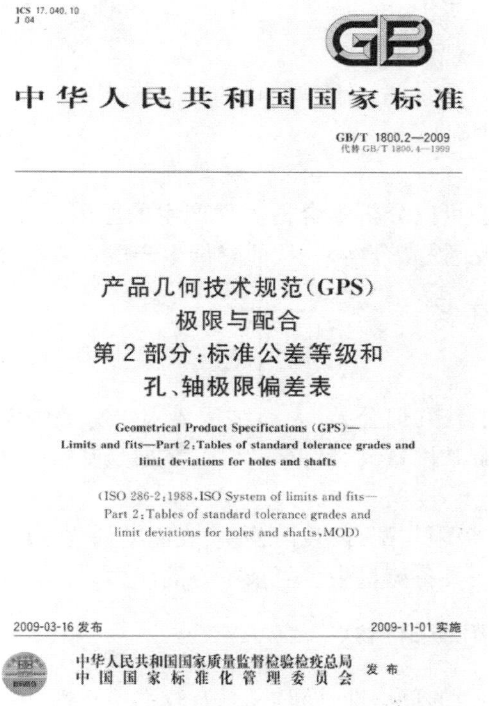
ICS 17.040.10
J 04

GB

中华人民共和国国家标准

GB/T 1800.2—2009
代替 GB/T 1800.4—1999

产品几何技术规范(GPS)
极限与配合
第2部分:标准公差等级和
孔、轴极限偏差表

Geometrical Product Specifications (GPS)—
Limits and fits—Part 2: Tables of standard tolerance grades and
limit deviations for holes and shafts

(ISO 286-2:1988, ISO System of limits and fits—
Part 2: Tables of standard tolerance grades and
limit deviations for holes and shafts, MOD)

2009-03-16 发布　　　　2009-11-01 实施

中华人民共和国国家质量监督检验检疫总局
中国国家标准化管理委员会　发布

图0-3　国家标准封面

四、技术测量

要保证互换性在生产实践中的实现还必须有相应的技术测量措施,只有测量结果显示零件的几何量误差控制在规定的公差范围内,此零件合格,才能满足互换性的要求。因此,对零件的测量是保证互换性生产的重要手段。

测量就是将被测的几何量与具有计量单位的标准量进行比较的实验过程。任何一个完整的测量过程都包括测量对象(长度、角度、表面粗糙度等)、计量单位、测量方法(指计量器具和测量条件的综合)、测量精度(指测量结果与真值的符合程度)四个要素。测量一般有直接测量和间接测量两种方法。直接测量是直接用量具或量仪测出被测几何量值的方法。图0-4a)所示为用游标卡尺测量长度 L。间接测量是先测出与被测几何量相关的其他几何参数,再通过计算获得被测几何量值的方法。如图0-4b)所示,如要测得两孔的中心距 L,可先测得 L_1 和 L_2,然后再计算出孔的中心距 $L=(L_1+L_2)/2$。

检验是与测量相似的一个概念,通常只确定被测几何量是否在规定的极限范围之内,从而判定零件是否合格,而不需要确定数值。

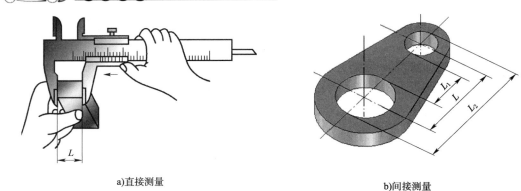

a)直接测量　　　　　　　　　　　　b)间接测量

图0-4　测量方法

通过测量的结果,人们可以分析不合格零件产生的原因,及时采取必要的工艺措施,提高加工精度、减少不合格品、提高合格率,从而降低生产成本并提高生产效率。

五、本课程的学习任务

1. 知识目标

了解并遵守极限与配合、几何公差、表面结构要求等有关国家标准的基本规定,掌握其在图样上的标注方法;了解常用量具、量仪的结构,掌握其基本使用方法。

2. 能力目标

培养具有识读和标注极限与配合、几何公差、表面结构要求的能力;具有查阅工程手册,合理选用标准参数的能力;具备测量中等复杂零件的能力。

六、本课程的性质和学习方法

本课程是一门具有较强的理论性,同时又具有较强实践性的课程,是机械类各专业的一门主干课程,在学习中要注意:

（1）采用"一体化"的学习方式,注意将公差理论知识与零件检测相结合,培养实际应用公差和测量误差的能力。

（2）本课程有许多概念,其内容比较抽象,在学习的过程中,要在正确理解的基础上,熟记要点,通过对相关零件实际误差的测量,加深对公差带的理解和掌握。

（3）掌握常用零件结构的检测方法,正确使用和维护测量工具。

单元一
极限配合与尺寸检测

 学习目标

完成本单元学习后,你应能:

1. 识读图样中的尺寸公差、公差代号和配合代号;
2. 绘制公差带图、标注尺寸公差及代号;
3. 会用游标卡尺、千分尺和内径百分表等检测工件;
4. 会查询标准公差数值表,轴、孔的基本偏差表和极限偏差表等。

建议课时:18 课时。

模块1 识读图样上的尺寸公差

一、尺寸的术语及其定义

1. 尺寸

尺寸是指用特定单位表示长度大小的数值。长度包括直径、半径、宽度、深度、高度和中心距等。尺寸由数值和特定单位两部分组成。例如 30 mm(毫米)、60 μm(微米)等。

2. 尺寸的类型

尺寸的类型见表1-1。

尺寸的类型 表1-1

名 称			说 明
尺寸的类型	公称尺寸 (D,d)		由设计给定,设计时可根据零件的使用要求,通过计算、试验或类比的方法,并经过标准化后确定基本尺寸。孔的公称尺寸用"D"表示;轴的公称尺寸用"d"表示
	实际(组成)要素 (D_a,d_a)		通过测量获得的尺寸,每次测量都可能获得不同的 D_a 或 d_a;由于存在加工误差,零件同一表面上不同位置的实际(组成)要素不一定相等
	极限尺寸	上极限尺寸 (D_{max},d_{max})	允许的最大尺寸称为上极限尺寸,允许的最小尺寸称为下极限尺寸,它可以大于、小于或等于公称尺寸
		下极限尺寸 (D_{min},d_{min})	

二、尺寸偏差与公差的术语及其定义

1. 偏差

某一尺寸（如实际要素、极限尺寸等）减其公称尺寸所得的代数差称为偏差，包括极限偏差和实际偏差，见表1-2。

偏差的类型及其标注 表1-2

名　称		定　义　或　要　求
偏差的类型	极限偏差	上极限偏差 （ES，es）	上极限尺寸减其公称尺寸所得的代数差； 孔：$ES = D_{max} - D$；轴：$es = d_{max} - d$
		下极限偏差 （EI，ei）	下极限尺寸减其公称尺寸所得的代数差； 孔：$EI = D_{min} - D$；轴：$ei = d_{min} - d$
	实际偏差		实际（组成）要素减其公称尺寸所得的代数差
偏差的标注	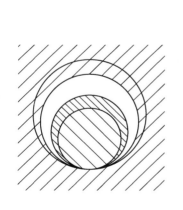 直径符号　上极限偏差 $\phi 40^{+0.052}_{-0.010}$ 公称尺寸　下极限偏差		（1）上极限偏差＞下极限偏差； （2）上、下极限偏差应以小数点对齐； （3）若上、下极限偏差不等于0，则应注意标出正负号； （4）若偏差为零时，必须在相应的位置上标注"0"，不能省略； （5）上、下极限偏差数值相等而符号相反时，应简化标注，如30 ± 0.1

2. 尺寸公差（T）

尺寸公差是指允许尺寸的变动量，简称公差，如图1-1所示。

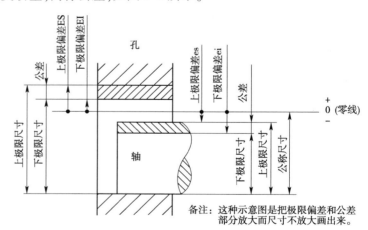

图1-1　极限与配合示意图

公差是设计人员根据零件使用时的精度要求，并考虑加工时的经济性而对尺寸变动量给出的允许值。公差的数值等于上极限尺寸减其下极限尺寸之差，或上极限偏差减下极限偏差之差。

孔的公差：

$$T_h = \left| D_{max} - D_{min} \right| = \left| ES - EI \right|$$ （1-1）

轴的公差：

$$T_s = |\,d_{max} - d_{min}\,| = |\,es - ei\,| \tag{1-2}$$

3.零线与尺寸公差带

为简化起见,在实际应用中经常不画出孔和轴的全形,只要按照规定将有关公差部分放大画出即可,这种图也称为公差带图,如图1-2所示。

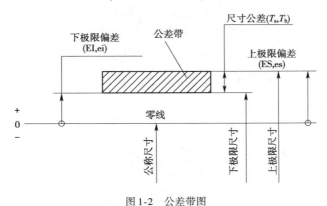

图1-2　公差带图

1)零线

在极限与配合图中,表示公称尺寸的一条直线称为零线。以零线为基准确定偏差和公差。

2)公差带

在公差带图中,由代表上极限偏差和下极限偏差或上极限尺寸和下极限尺寸的两条直线所限定的一个区域,称为尺寸公差带。

公差带的确定有两个要素——公差带的大小和公差带位置。公差带大小是指公差带沿垂直于零线方向的宽度,由公差的大小决定。公差带位置是指公差带相对零线的位置,由靠近零线的那个极限偏差决定。

三、孔和轴

孔通常指工件各种形状的内表面,包括圆柱形内表面和其他由单一尺寸形成的非圆柱形包容面(如图1-3中方孔和槽)。

轴通常指工件各种形状的外表面,包括圆柱形外表面和其他由单一尺寸形成的非圆柱形被包容面(如图1-4中键和方塞的外表面)。

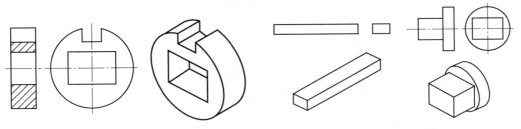

图1-3　方孔和槽　　　　　　　　　图1-4　键和方塞

包容与被包容是就零件的装配关系而言的,即在零件装配后形成包容与被包容的关系。

包容面统称为孔,被包容面统称为轴。

四、识读尺寸公差并绘制公差带图

识读图 1-5,并完成以下问题:

（1）读出图 1-5a)和图 1-5b)中尺寸标注的不同。

（2）读出图 1-5b)中标注的尺寸公差的含义及零件合格的条件。

（3）计算出图 1-5b)中各尺寸公差、上极限尺寸和下极限尺寸。

（4）绘制出图 1-5b)中 $\phi 40^{+0.052}_{-0.010}$、$\phi 45^{+0.087}_{-0.025}$、$\phi 25^{+0.052}_{0}$ 的公差带图。

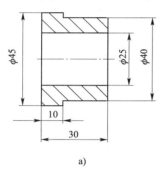
a)

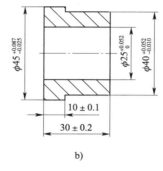
b)

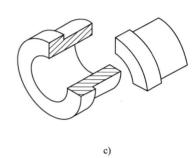
c)

图 1-5　轴套

1. 识读图样中的尺寸公差

与图 1-5a)相比,图 1-5b)中各尺寸后面都标注了反映尺寸极限值的后缀,分析其含义并进行相关计算,汇总结论见表 1-3。

轴套尺寸公差、极限尺寸值和极限尺寸偏差值的计算（mm）　　表 1-3

序号	标注尺寸	公称尺寸	上极限偏差	下极限偏差	上极限尺寸	下极限尺寸	公差值
1	$\phi 40^{+0.052}_{-0.010}$	$\phi40$ （d）	+0.052 （es）	-0.010 （ei）	$\phi40.052$ （es = d_{max} - d）	$\phi39.990$ （ei = d_{min} - d）	0.062 （式 1-2）
2	$\phi 45^{+0.087}_{-0.025}$						
3	$\phi 25^{+0.052}_{0}$						
4	10 ± 0.1						
5	30 ± 0.2	30	+0.2	-0.2	30.2	29.8	0.4

注:表格中空白处由教师引导,学生自主完成;公式运用及符号要正确;零件的实际(组成)要素在上、下极限尺寸范围内则为合格。

2. 绘制公差带图

绘制公差带图的具体步骤见表 1-4。

公差带图的绘制步骤　　　　　　　　　　　　　　　　　　表 1-4

序号	尺　寸	步　骤	图　例	说　明
1	$\phi 40^{+0.052}_{-0.010}$	（1）作零线		用细实线水平绘制一条直线，并标注"0"和"＋""－"号，在其下方画上单向箭头的尺寸线，并标出公称尺寸 $\phi 40$
		（2）画公差带图框		选定合适的作图比例，画出极限偏差线（正、负偏差分别在零线上、下方，0偏差与零线重合）；两侧垂直线之间的距离可酌情而定
		（3）标注	轴公差带　+0.052　−0.010	标注极限偏差数值和公差带名称（或代号）
2	$\phi 45^{+0.087}_{-0.025}$	（略）		左侧图由教师引导，学生自主完成绘制
3	$\phi 25^{+0.052}_{0}$	（略）		左侧图由教师引导，学生自主完成绘制

模块 2　用游标卡尺检测零件

一、认识游标卡尺

1. 游标卡尺的结构

　　游标卡尺是最常用的中等精度的通用量具，它是由主尺（尺身）及能在尺身上滑动的游标等组成，如图 1-6 所示。使用外测量爪可以测量轴的直径、厚度尺寸，使用内测量爪可以测量孔的直径、宽度尺寸，使用深度尺还可以测量轴的长度、孔的深度等，因此称为三用游标卡尺。

2. 游标卡尺的分度值和量程

　　游标卡尺尺身上相邻两刻线和游标上相邻两刻线所代表的量值之差称为分度值。按分度值的不同，常用游标卡尺有 0.02mm、0.05mm、0.10mm 三种规格，游标上每格刻度值分别为 0.02mm、0.05mm、0.10mm，如图 1-7 所示，其中分度值为 0.02mm 的游标卡尺最常用。

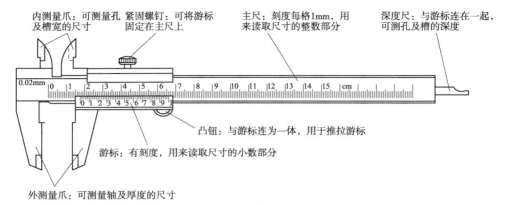

图 1-6　游标卡尺的结构示意图

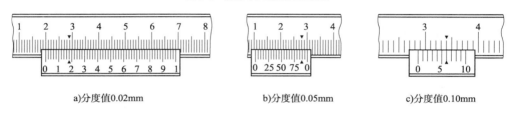

a)分度值0.02mm　　　　　　b)分度值0.05mm　　　　　　c)分度值0.10mm

图 1-7　游标卡尺的分度值

按游标卡尺的测量范围(量程)，常用的游标卡尺有 0～125mm、0～150mm、0～200mm、0～300mm 等多种规格。

3. 游标卡尺的读数方法

游标卡尺是以游标的"0"线为基准进行读数的，其读数分为三个步骤，见表1-5。

游标卡尺的读数方法　　　　　　　　　　　　　　　　　　表 1-5

步　骤	图　示	说　明
(1)读主尺，读整数	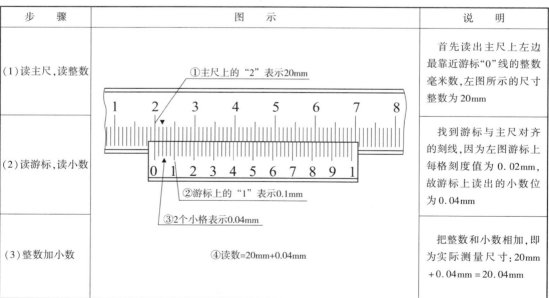	首先读出主尺上左边最靠近游标"0"线的整数毫米数，左图所示的尺寸整数为20mm
(2)读游标，读小数		找到游标与主尺对齐的刻线，因为左图游标上每格刻度值为 0.02mm，故游标上读出的小数位为 0.04mm
(3)整数加小数		把整数和小数相加，即为实际测量尺寸：20mm+0.04mm=20.04mm

注：在读数时，若游标和主尺没有正好对齐的刻线，则取最接近对齐的刻线进行读数。

二、游标卡尺的使用注意事项

1. 测量前

先将游标卡尺的测量面用软布擦干净;拉动游标,应滑动灵活、无卡死,紧固螺钉能正常使用;两个量爪合拢后应密不透光,游标零线应与尺身零线对齐。

2. 测量时

首先注意看清分度值;右手握尺身,右手大拇指推动游标使测量爪与被测表面接触,保持合适的测量力;量爪位置要摆正,不能歪斜;用游标上方的紧固螺钉锁紧游标,如图 1-8 所示;读数时,视线应与尺身表面垂直,避免产生视觉误差。

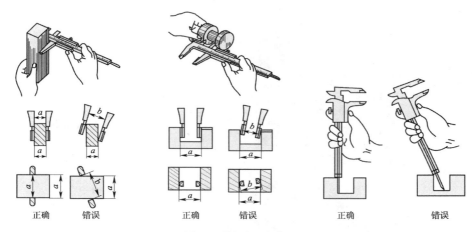

图 1-8　游标卡尺的使用

3. 测量后

(1)量爪合拢,以免深度尺露在外边,产生变形或折断。

(2)测量结束后把卡尺平放,以免引起尺身弯曲变形。

(3)卡尺使用完毕,擦净并放置在专用盒内。如果长时间不用,要涂油保存,防止弄脏或生锈。

三、用游标卡尺检测轴套零件

用游标卡尺测量图 1-9 轴套零件各个要素的尺寸;根据测量结果和图样上的尺寸公差要求,判断轴套零件的尺寸是否合格。

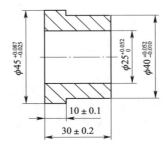

图 1-9　轴套零件

1．用游标卡尺检测轴套零件的方法和步骤

用游标卡尺检测轴套零件的方法和步骤见表1-6。

用游标卡尺检测轴套零件的方法和步骤 表 1-6

步 骤	图 示	说 明
选用游标卡尺		根据被测零件尺寸,选用卡尺的测量范围为0～150mm,分度值为0.02mm,用软布将游标卡尺的测量面擦干净
游标卡尺校正"0"位		游标与尺身的"0"线应对齐
测量零件的外径尺寸		(1)量爪张开尺寸应大于工件尺寸,推动游标靠近工件外表面; (2)量爪应通过工件中心
测量零件的长度		工件应摆正,让量爪与被测表面充分接触
测量零件的内径尺寸		(1)量爪张开尺寸应小于工件尺寸,拉动游标靠近工件内表面; (2)推力要适中; (3)量爪应过工件中心

2. 记录轴套零件尺寸的检测数值并判定其合格性

按照以上步骤,将测得的尺寸数值填入表 1-7,为保证尺寸测量的准确度,可对轴套的同一尺寸测量 2~3 次。

轴套零件尺寸的检测数值和合格性判定　　　　　　　　　　　　表 1-7

序号	被测尺寸	上极限尺寸	下极限尺寸	实测尺寸 l_1	实测尺寸 l_2	实测尺寸平均值	合格性
1	$\phi 40^{+0.052}_{-0.010}$	$\phi 40.052$	$\phi 39.990$	40.04	40.02	40.03	合格
2	$\phi 45^{+0.087}_{-0.025}$						
3	$\phi 25^{+0.052}_{0}$						
4	10 ± 0.1						
5	30 ± 0.1						

注:表格中空白处由教师引导,学生自主完成。

四、其他游标卡尺简介

为了满足测量各种形体结构尺寸的需要,还有其他形状结构的游标卡尺,见表 1-8。

其他形状结构的游标卡尺　　　　　　　　　　　　表 1-8

名　称	图　示	说　明
双面游标卡尺	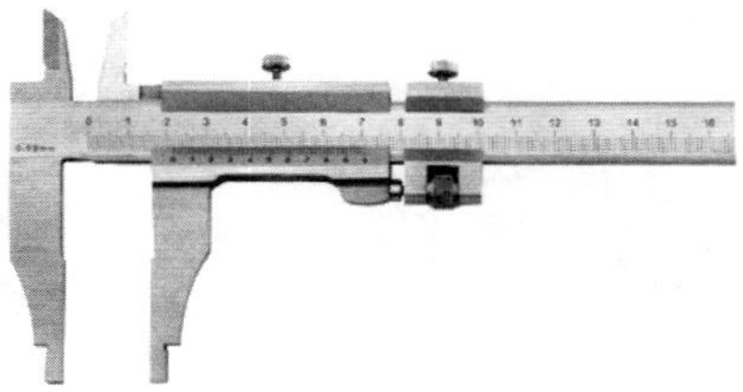	双面游标卡尺的尺框上装有微调装置,起到控制测量力适当和均匀的效果,并将内、外量爪制成一体,适合测量内孔直径
电子数显游标卡尺	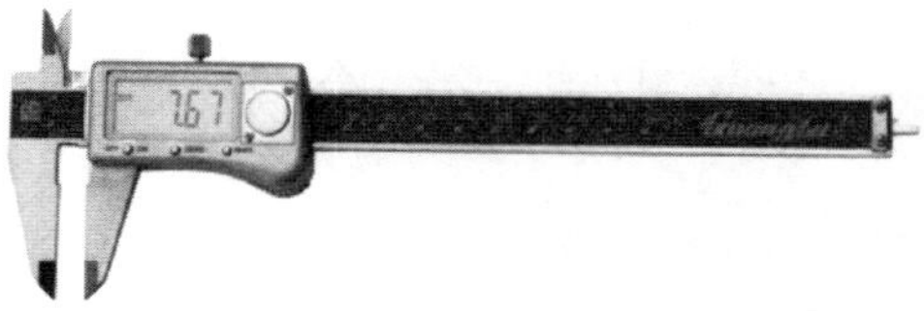	电子数显游标卡尺,由尺身、传感器、控制运算部分和数字显示部分组成,读数方便,适合快速测量,但示值误差较大
带表游标卡尺	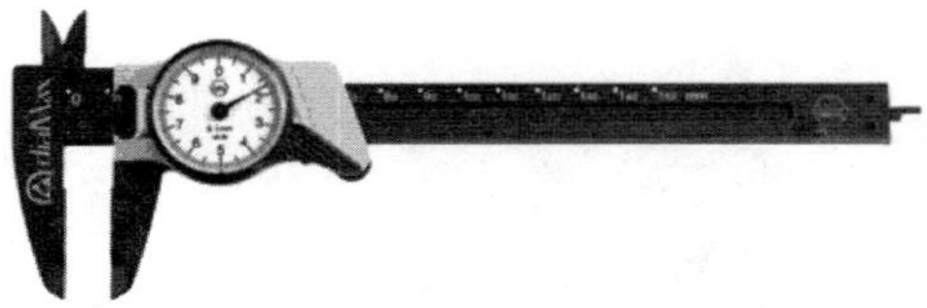	带表游标卡尺,是利用机械传动系统将两测量面的相对移动转变为指示表针的回转运动。所测量的尺寸,由尺框左端面指示示值的整数毫米部分,由表上指针指示示值的小数部分

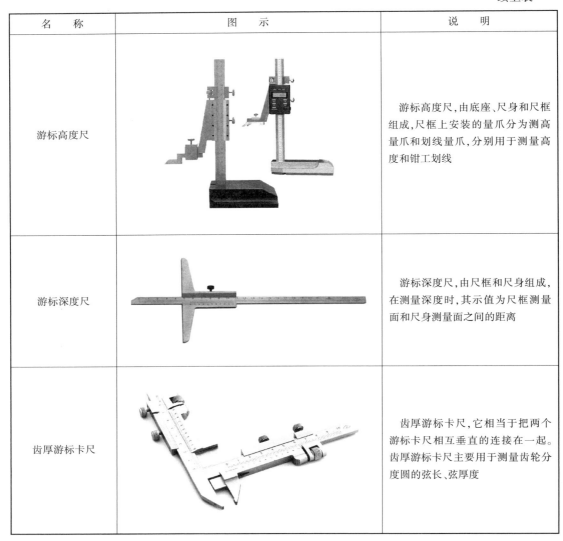

名　称	图　示	说　明
游标高度尺		游标高度尺,由底座、尺身和尺框组成。尺框上安装的量爪分为测高量爪和划线量爪,分别用于测量高度和钳工划线
游标深度尺		游标深度尺,由尺框和尺身组成,在测量深度时,其示值为尺框测量面和尺身测量面之间的距离
齿厚游标卡尺		齿厚游标卡尺,它相当于把两个游标卡尺相互垂直的连接在一起。齿厚游标卡尺主要用于测量齿轮分度圆的弦长、弦厚度

模块 3　识读图样上的公差代号

在生产实践中,为了实现零件的互换性,尽可能减少零件、定值刀具、量具以及工艺装备的品种和规格,国家标准对尺寸公差值的大小及数量作了必要的限制,并用代号来表示,其代号由基本偏差代号和标准公差数字两部分组成。

一、标准公差

国家标准《极限与配合》中所规定的任一公差称为标准公差。

标准公差数值见表1-9。从表中可以看出,标准公差的数值与两个因素有关,即标准公差等级和公称尺寸分段。

标 准 公 差 数 值　　　　　　　　　　表 1-9

公称尺寸 (mm)		公差等级																	
		IT1	IT2	IT3	IT4	IT5	IT6	IT7	IT8	IT9	IT10	IT11	IT12	IT13	IT14	IT15	IT16	IT17	IT18
大于	至	μm											mm						
—	3	0.8	1.2	2	3	4	6	10	14	25	40	60	0.10	0.14	0.25	0.40	0.60	1.0	1.4
3	6	1	1.5	2.5	4	5	8	12	18	30	48	75	0.12	0.18	0.30	0.48	0.75	1.2	1.8
6	10	1	1.5	2.5	4	6	9	15	22	36	58	90	0.15	0.22	0.36	0.58	0.90	1.5	2.2
10	18	1.2	2	3	5	8	11	18	27	43	70	110	0.18	0.27	0.43	0.70	1.10	1.8	2.7
18	30	1.5	2.5	4	6	9	13	21	33	52	84	130	0.21	0.33	0.52	0.84	1.30	2.1	3.3
30	50	1.5	2.5	4	7	11	16	25	39	62	100	160	0.25	0.39	0.62	1.00	1.60	2.5	3.9
50	80	2	3	5	8	13	19	30	46	74	120	190	0.30	0.46	0.74	1.20	1.90	3.0	4.6
80	120	2.5	4	6	10	15	22	35	54	87	140	220	0.35	0.54	0.87	1.40	2.20	3.5	5.4
120	180	3.5	5	8	12	18	25	40	63	100	160	250	0.40	0.63	1.00	1.60	2.50	4.0	6.3
180	250	4.5	7	10	14	20	29	46	72	115	185	290	0.46	0.72	1.15	1.85	2.90	4.6	7.2
250	315	6	8	12	16	23	32	52	81	130	210	320	0.52	0.81	1.30	2.10	3.20	5.2	8.1
315	400	7	9	13	18	25	36	57	89	140	230	360	0.57	0.89	1.40	2.30	3.60	5.7	8.9
400	500	8	10	15	20	27	40	63	97	155	250	400	0.63	0.97	1.55	2.50	4.00	6.3	9.7
500	630	9	11	16	22	32	44	70	110	175	280	440	0.7	1.1	1.75	2.8	4.4	7	11
630	800	10	13	18	25	36	50	80	125	200	320	500	0.8	1.25	2	3.2	5	8	12.5

注:1. 公称尺寸大于 500mm 的 IT1 ～ IT5 的标准公差数值为试行。

　　2. 公称尺寸小于 1mm 时,无 IT14 ～ IT18。

　　3. IT01 和 IT0 在工业上很少用到,因此,本表中未列出。

1. 标准公差等级

确定尺寸精确程度的等级称为公差等级。

为了满足生产的需要,国家标准设置了 20 个公差等级,各级标准公差的代号为 IT01、IT0、IT1、IT2、…、IT18。"IT"表示标准公差,其后的阿拉伯数字表示公差等级。IT01 精度最高,其余依次降低,标准公差值依次增大,IT18 精度最低,其关系如图 1-10 所示。

图 1-10　标准公差等级与精度的关系

公差等级越高,零件的精度越高,使用性能也越高,但加工难度大,生产成本高;公差等级越低,使用性能也越低,但加工难度减小,生产成本降低。因而要同时考虑零件的使用要求和加工经济性这两个因素,合理确定公差等级。

2. 公称尺寸分段

在实际生产中使用的公称尺寸是很多的，如果每一个公称尺寸都对应一个公差值，就会形成一个庞大的公差数值表，不利于实现标准化，给实际生产带来困难。因此国家标准对公称尺寸进行了分段。

尺寸分段后，同一尺寸段内所有的公称尺寸，在相同公差等级的情况下，具有相同的公差值。例如：公称尺寸 40mm 和 50mm 都在大于 30mm 至 50mm 尺寸段，两尺寸的 IT7 数值均为 0.025mm。

二、基本偏差

1. 基本偏差概念

国家标准《极限与配合》中所规定的，用以确定公差带相对于零线位置的上偏差或下偏差，称为基本偏差。

基本偏差一般为靠近零线的那个偏差，如图 1-11 所示。当公差带在零线上方时，其基本偏差为下极限偏差，因为下极限偏差靠近零线；当公差带在零线下方时，其基本偏差为上极限偏差，因为上极限偏差靠近零线。当公差带的某一偏差为零时，此偏差自然是基本偏差。有的公差带相对于零线是完全对称的，则基本偏差可为上极限偏差，也可为下极限偏差。例如，$\phi40 \pm 0.019$mm 的基本偏差可为上极限偏差 $+ 0.019$mm，也可为下极限偏差 $- 0.019$mm（但是，对一个尺寸公差带只能规定其中一个为基本偏差）。

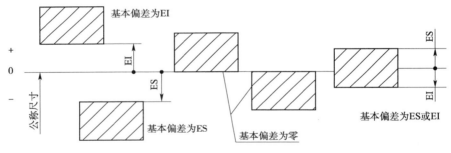

图 1-11 基本偏差

2. 基本偏差代号及系列图

基本偏差的代号用拉丁字母表示，大写字母表示孔的基本偏差，小写字母表示轴的基本偏差。

为了不与其他代号相混淆，在 26 个字母中去掉了 5 个字母，又增加了 7 个双写字母。孔和轴各有 28 个基本偏差代号，见表 1-10。

孔和轴的基本偏差代号　　　　　　　　　　　　　表 1-10

孔	A	B	C	D	E	F	G	H	J	K	L	M	N	P	R	S	T	U	V	X	Y	Z			
			CD		EF		FG		JS														ZA	ZB	ZC
轴	a	b	c	d	e	f	g	h	j	k	l	m	n	p	r	s	t	u	v	x	y	z			
			cd		ef		fg		js														za	zb	zc

基本偏差排列顺序如图 1-12 所示。它表示公称尺寸相同的的 28 种孔、轴的基本偏差

相对零线的位置关系。此图只表示公差带位置,不表示公差带大小。因此,图中公差带只画了靠近零线的一端,另一端是开口的。

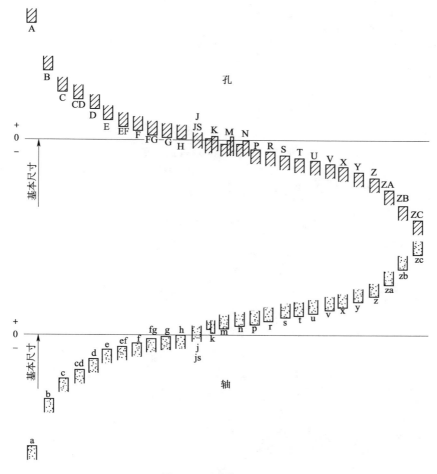

图 1-12 基本偏差系列图

从基本偏差系列图可以看出,其特征如下:

(1)孔和轴同字母的基本偏差相对零线基本呈对称分布。

(2)基本偏差代号为 JS 和 js 的公差带,在各公差等级中完全对称于零件。为统一起见,在基本偏差数值表中将 js 划归为上偏差,将 JS 划归为下偏差。

(3)代号 k、K 和 N 的基本偏差的数值随公差等级不同有两种不同的情况(K、k 可为正值或零值,N 可为负值或零值),而代号 M 的基本偏差数值随公差等级不同则有三种不同的情况(正值、负值 或零值)。

(4)代号 j、J 及 P～ZC 的基本偏差数值与公差等级有关,图中未标示出。

三、公差带系列

标准公差等级有 20 级,基本偏差代号有 28 个,由此可以组合出很多种公差带,孔和轴公差带又能组成更大数量的配合。国家标准对公称尺寸至 500mm 的孔、轴规定了优先、常用和一般用途三类公差带。轴的一般用途公差带有 116 种,如图 1-13 所示,其中又规定了 59 种常用公差带,见图中用线框框住的公差带;在常用公差带中又规定了 13 种优先公差带,见图中用圆圈框住的公差带。同样,对孔公差带规定了 105 种一般用途公差带、44 种常用公差带和 13 种优先公差带,如图 1-14 所示。

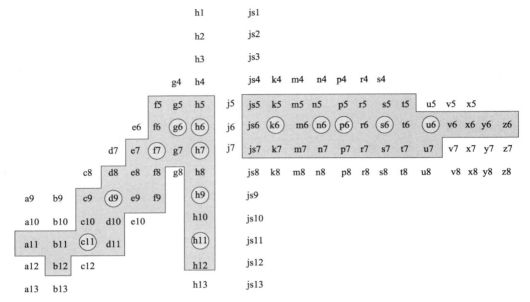

图 1-13　公称尺寸至 500mm 一般、常用和优先轴公差带

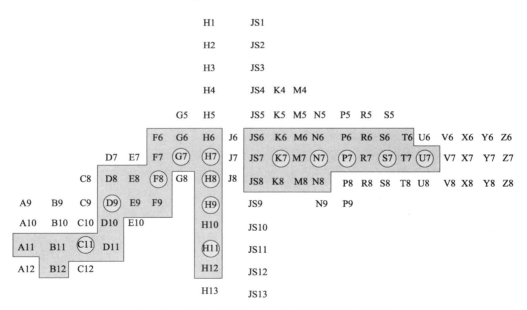

图 1-14　公称尺寸至 500mm 一般、常用和优先孔公差带

在实际应用中对各类公差带选择的顺序是:首先选择优先公差带,其次选择常用公差带,最后选择一般用途公差带。

四、孔、轴极限偏差数值的确定

1. 孔、轴极限偏差数值的确定方法

孔、轴极限偏差数值的确定有两种方法。方法一是利用轴的基本偏差数值表(见附表1)或孔的基本偏差数值表(见附表2)查找出相应的基本偏差数值表,再结合标准公差数值表(见表1-9),通过计算最终确定孔、轴的极限偏差数值。方法二是利用轴的极限偏差表(见附表3)和孔的极限偏差表(见附表4),能很快地查出轴和孔的两个极限偏差数值。

2. 极限偏差数值的查表方法

查表前,应对公称尺寸和公差代号进行分析。首先看公称尺寸属于哪个公称尺寸段,再看基本偏差代号和公差等级,并判断是属于孔的公差带代号还是轴的公差带代号,然后由公称尺寸查行,由公差代号和公差等级查列,行与列相交处的框格有上、下两个偏差数值,上方的为上极限偏差,下方的为下极限偏差。

五、一般公差

1. 一般公差的概念

一般公差也称未注公差,是在车间普通工艺条件下,机床设备一般加工能力可保证的公差。在正常维护和操作情况下,它代表经济加工精度。

国家标准规定:采用一般公差时,在图样上不单独注出公差,而是在图样上、技术文件或技术标准中作出总的说明。

2. 一般公差的极限偏差数值

线性尺寸的一般公差规定了四个等级:即f(精密级)、m(中等级)、c(粗糙级)和v(最粗级)。一般公差线性尺寸的极限偏差数值见表1-11,倒角半径与倒角高度尺寸的极限偏差数值见表1-12。

一般公差线性尺寸的极限偏差数值(mm)　　　　表1-11

公差等级	尺　寸　分　段							
	0.5~3	>3~6	>6~30	>30~120	>120~400	>400~1000	>1000~2000	>2000~4000
f(精密级)	±0.05	±0.1	±0.15	±0.2	±0.3	±0.5	—	—
m(中等级)	±0.1	±0.1	±0.2	±0.3	±0.5	±0.8	±1.2	±2
c(粗糙级)	±0.2	±0.3	±0.5	±0.8	±1.2	±2	±3	±4
v(最粗级)	—	±0.5	±1	±1.5	±2.5	±4	±6	±8

一般公差倒圆半径与倒角高度尺寸的极限偏差数值(mm)　　　　表1-12

公差等级	尺　寸　分　段			
	0.5~3	>3~6	>6~30	>30
f(精密级)	±0.2	±0.5	±1	±2
m(中等级)	±0.2	±0.5	±1	±2
c(粗糙级)	±0.4	±1	±2	±4
v(最粗级)	±0.4	±1	±2	±4

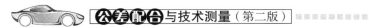

3.线性尺寸的一般公差的表示方法

在图样上、技术文件或技术标准中用线性尺寸的一般公差标准号和公差等级符号表示。例如,当一般公差选用中等级时,可在零件图样上(标题栏上方)表明:未注明尺寸按 GB/T 1804—m。

六、识读图样中的公差代号

识读图 1-15 所示的连接轴,并完成以下问题:

(1)解释图样中 φ45h7、φ25f7、φ10H8、16M8 尺寸的公差代号并求出它们的上极限偏差和下极限偏差。

(2)计算未注公差尺寸 78mm、15mm 和 C1 的尺寸公差。

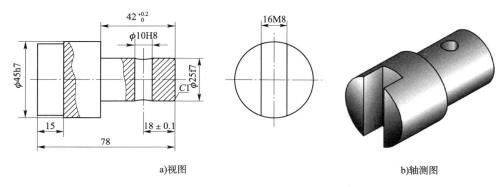

a)视图   b)轴测图

图 1-15   连接轴

1.识读尺寸公差代号

国家标准规定,一个完整的尺寸公差代号由公称尺寸、基本偏差代号和公差等级组成的。

图样中尺寸公差代号的含义见表 1-13。

尺寸公差代号的含义   表 1-13

序号	标注尺寸	公称尺寸	公差代号	基本偏差代号	公差等级
1	φ25f7	φ25mm	f7	f	IT7
2	φ45h7				
3	φ10H8				
4	16M8				

注:表格中空白处由教师引导,学生自主完成。

2.求尺寸的上极限偏差和下极限偏差

尺寸 φ45h7、φ25f7、φ10H8、16M8 的上、下极限偏差结果汇总见表 1-14。

φ45h7、φ25f7、φ10H8、16M8 的上极限偏差和下极限偏差   表 1-14

序号	标注尺寸	轴/孔判定	基本偏差	上极限偏差	标准公差	下极限偏差
1	φ25f7	轴 (小写字母 f)	es = −0.020mm (查附表 1-3)	−0.020mm	Ts = 21μm (查表 1-9)	−0.041mm (式 1-2)

序号	标注尺寸	轴/孔判定	基本偏差	上极限偏差	标准公差	下极限偏差
2	$\phi45h7$					
3	$\phi10H8$					
4	$16M8$					

注：表格中空白处由教师引导，学生自主完成；公式运用及符号要正确。

3. 计算未注公差尺寸的尺寸公差

由于连接轴属于一般用途零件，选用中等精度等级（m），通过查阅表 1-11 和表 1-12，可得连接轴未注公差尺寸的一般公差，具体见表 1-15。

连接轴的未注公差尺寸一般公差（mm）

表 1-15

序　　　号	标 注 尺 寸	上、下极限偏差	公　　　差
1	78	±0.3 （表1-11）	0.6 （式1-2）
2	15		
3	C1		

注：表格中空白处由教师引导，学生自主完成；公式运用及符号要正确。

七、图样上标注尺寸公差的方法

国家标准对尺寸公差的书写有严格的规定。

1. 只标注公差带代号

该种方法一般适用于大批量的生产要求，公差带代号与公称尺寸的数字高度相同，如 $\phi45h7$。

2. 只标注上、下极限偏差数值

该方法一般适用于单件或小批的生产要求，上极限偏差标注在公称尺寸的右上方，下极限偏差标注在公称尺寸的右下方，其数字比尺寸数字小一号，如 $\phi45_{-0.025}^{0}$。

3. 公差带代号与极限偏差值共同标注

该方法一般适用于批量不定的生产要求，当同时标注公差代号和极限偏差时，公差代号在前，极限偏差在后并加圆括号，如 $\phi45h7(_{-0.025}^{0})$。

模块4　用千分尺检测零件

一、认识千分尺

1. 千分尺的结构

千分尺即指外径千分尺（若不特别说明），它的结构如图 1-16 所示，它由尺架、固定测头、测微螺杆、固定套管、微分管、测力装置、锁紧装置等组成。它是一种常用的精密量具，其测量精度（0.01mm）要比游标卡尺高。

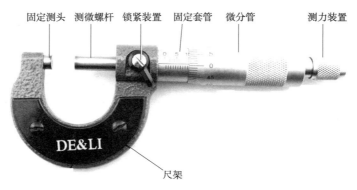

固定测头　测微螺杆　锁紧装置　固定套管　微分管　　　　测力装置

尺架

图1-16　千分尺

2. 千分尺的工作原理

千分尺的工作原理是通过螺旋传动,将测量杆的轴向位移转换成微分管的圆周转动,使读数直观准确。千分尺增加了测力装置,保证了测量力的恒定。

3. 千分尺的量程

由于测微螺杆的长度受到制造工艺的限制,其移动量通常为25mm,所以千分尺的测量范围分别为 0 ~ 25mm、25 ~ 50mm（固定套管上的最小刻度值为 25mm,最大刻度值为 50mm）、50 ~ 75mm、75 ~ 100mm 等多种规格。

4. 千分尺的刻线原理

千分尺的固定套管上刻有基准线,在基准线的上下两侧有两排刻线,上下两条相邻刻线的间距为每格0.5mm。微分管的外圆锥面上刻有 50 格刻度,微分管每转动一格,测微螺杆移动 0.01mm,所以千分尺的分度值即精度为 0.01mm。

5. 千分尺的读数方法

测量工件时,先转动千分尺的微分管,待测微螺杆的测量面接近被测量表面时,再转动测力装置,使测微螺杆的测量面接触工件表面,当听到 2 ~ 3 声"咔咔"声响后即可停止转动,读取工件尺寸。为防止尺寸变动,可转动锁紧装置,锁紧测微螺杆。千分尺的读数步骤见表1-16。

千分尺的读数方法　　　　　　　　　　　　　表 1-16

步　骤	图　示	说　明
(1) 读固定套管刻度		首先读出固定套管上距微分管边缘最近的刻线,从固定套管中线上侧的刻度读出整数,从中线下侧的刻度读出 0.5mm 的小数
(2) 读微分管刻度	7+0.5+0.01×35=7.85(mm)	从微分管上找到与固定套管中线对齐的刻线,将此刻线数乘以 0.01mm 就是小于 0.5mm 的小数部分的读数
(3) 两刻度值相加		把以上几部分相加即为测量值

二、千分尺的使用注意事项

（1）千分尺是一种精密量具,只适用于精度较高零件的测量,严禁测量表面粗糙的毛坯零件。

（2）测量前必须把千分尺及工件的测量面擦拭干净;先让两个测量面合拢,检查是否密合,同时观察微分管上的零线与固定套管的中线是否对齐,如有零位偏差,可送检调整或在读数时加以修正。

（3）测量时,不可用手猛力转动微分管,以免使测量力过大而影响测量精度,严重时还会损坏螺旋传动副;读取数值时,尽量在零件上直接读取,但要使视线与刻线表面保持垂直;当离开工件读数时,必须先锁紧测微螺杆。

（4）测量后,不能将千分尺与工具或零件混放;使用完毕,应擦净千分尺,放置在专用盒内;若长时间不用,应涂油保存以防生锈;千分尺应定期送交计量部门进行计量和维护,严禁擅自拆卸。

三、其他千分尺

为了满足测量各种形体结构尺寸的需要,还有其他形状结构的游标卡尺,见表1-17。

其他形状结构的千分尺　　　　　　　　　　　　　　　　　表1-17

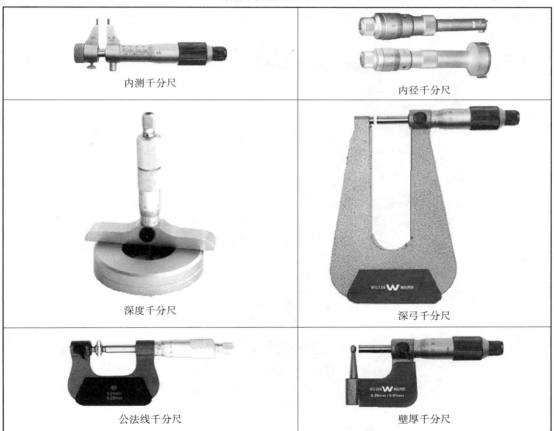

内测千分尺	内径千分尺
深度千分尺	深弓千分尺
公法线千分尺	壁厚千分尺

四、用千分尺检测轴套零件

用千分尺测量图 1-17 连接轴零件上 $\phi 45_{-0.025}^{0}$、$\phi 25_{-0.041}^{-0.020}$、$\phi 10_{0}^{+0.022}$、$16_{-0.025}^{+0.002}$ 的实际尺寸；根据测量结果，判断以上尺寸是否合格。

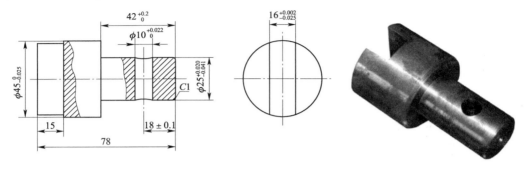

图 1-17　连接轴零件

1.用千分尺检测连接轴零件的方法和步骤

用千分尺检测连接轴零件的方法和步骤见表 1-18。

用千分尺检测连接轴零件的方法和步骤　　　　　　　　　　　　　表 1-18

步　骤	图　示	说　明
选用千分尺并校正"0"位		根据被测零件尺寸，选用千分尺的测量范围为 0～25mm 和 25～50mm，检查其外观和各部分的作用，用软布将千分尺的测量面擦干净
测量 $\phi 45_{-0.025}^{0}$		双手测量法：左手握千分尺，右手转动微分筒，使测微螺杆靠近工件；用右手转动测力装置，保证恒定的测量力。测量时，必须保证测微螺杆的轴心线与零件的轴心线相交，且与零件的轴心线垂直

续上表

步　骤	图　示	说　明
测量 $\phi 25^{-0.020}_{-0.041}$	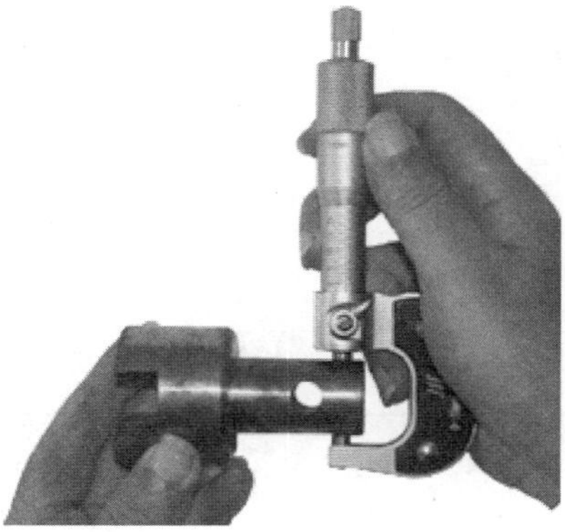	单手测量法:左手拿工件,右手握千分尺,并同时转动微分筒。此法用于较小零件或较小尺寸的测量。测量时,施加在微分筒上的转矩要适当
测量 $\phi 10^{+0.022}_{0}$	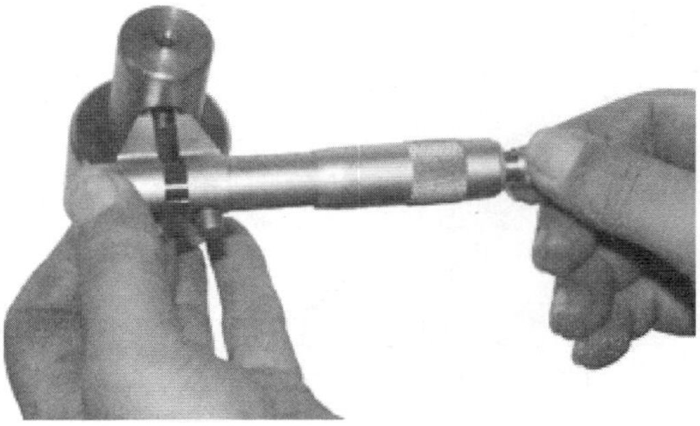	测量时,内测千分尺在孔中不能歪斜,以保证测量准确
测量 $\phi 16^{+0.002}_{-0.025}$	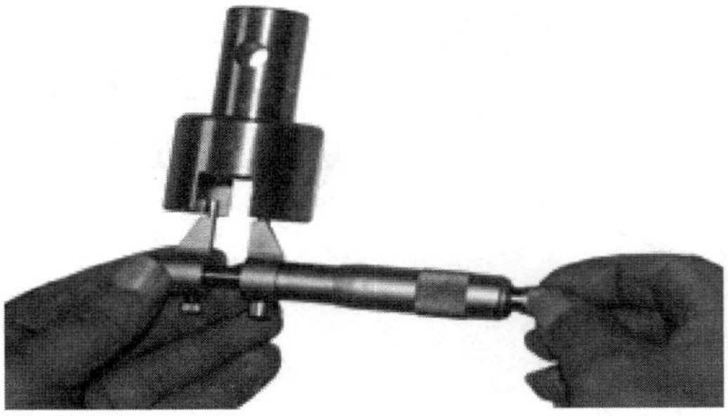	测量槽的宽度时,注意要将内测千分尺摆正,以测量的最小值作为槽的宽度

2. 记录连接轴零件尺寸的检测数值并判定其合格性

按照以上方法,将测得的尺寸数值填入表 1-19,为保证尺寸测量的准确度,对同一尺寸测量 2~3 次。

连接轴零件尺寸的检测数值和合格性判定　　　　　　　表 1-19

序号	被测尺寸	上极限尺寸	下极限尺寸	实测尺寸 z_1	实测尺寸 z_2	实测尺寸平均值	合格性
1	$\phi 45_{-0.025}^{0}$	$\phi45$	$\phi44.975$	$\phi44.99$	$\phi44.98$	$\phi44.985$	合格
2	$\phi 25_{-0.041}^{-0.020}$						
3	$\phi 10_{0}^{+0.022}$						
4	$16_{-0.025}^{+0.002}$						

注：表格中空白处由教师引导，学生自主完成。

模块 5　识读配合代号

公称尺寸相同的，相互结合的孔和轴公差带之间的关系称为配合。

一、配合的类型

孔、轴公差带之间的不同关系，决定了孔、轴结合的松紧程度，也就是决定了孔、轴的三种配合性质，即间隙配合、过盈配合和过渡配合。

1. 间隙配合

间隙配合就是具有间隙（包括最小间隙等于零）的配合。孔的公差带在轴的公差带之上，如图 1-18 所示。

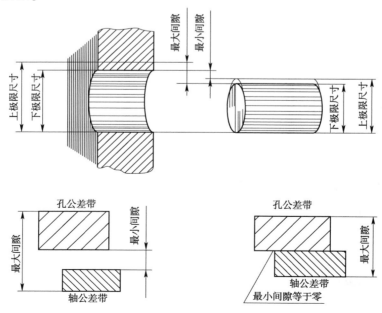

图 1-18　间隙配合的孔、轴公差带

最大间隙:孔为上极限尺寸而与其相配的轴为下极限尺寸时,配合处于最松状态。即:

$$X_{\max} = D_{\max} - d_{\min} = ES - ei \qquad (1\text{-}3)$$

最小间隙:孔为下极限尺寸而与其相配的轴为上极限尺寸,配合处于最紧状态。即:

$$X_{\min} = D_{\min} - d_{\max} = EI - es \qquad (1\text{-}4)$$

2. 过盈配合

过盈配合就是具有过盈(包括最小过盈等于零)的配合。孔的公差带在轴的公差带之下,如图 1-19 所示。

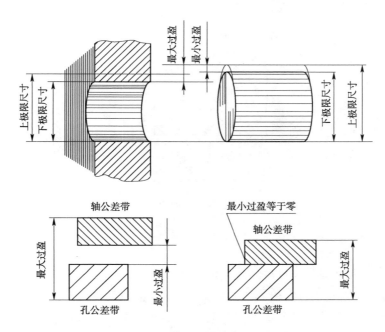

图 1-19　过盈配合的孔、轴公差带

最大过盈:孔为下极限尺寸而与其相配的轴为上极限尺寸,配合处于最紧状态。即:

$$Y_{\max} = D_{\min} - d_{\max} = EI - es \qquad (1\text{-}5)$$

最小过盈:孔为上极限尺寸而与其相配的轴为下极限尺寸,配合处于最松状态。即:

$$Y_{\min} = D_{\max} - d_{\min} = ES - ei \qquad (1\text{-}6)$$

3. 过渡配合

过渡配合就是可能具有间隙或过盈的配合。孔的公差带与轴的公差带相互交叠,如图 1-20 所示。

最大间隙:孔的尺寸大于轴的尺寸时,具有间隙。当孔为上极限尺寸,而轴为下极限尺寸时,配合处于最松状态。即:

$$X_{\max} = D_{\max} - d_{\min} = ES - ei \qquad (1\text{-}7)$$

最大过盈:孔的尺寸小于轴的尺寸时,具有过盈。当孔为下极限尺寸,而轴为上极限尺寸时,配合处于最紧状态。即:

$$Y_{\max} = D_{\min} - d_{\max} = EI - es \qquad (1\text{-}8)$$

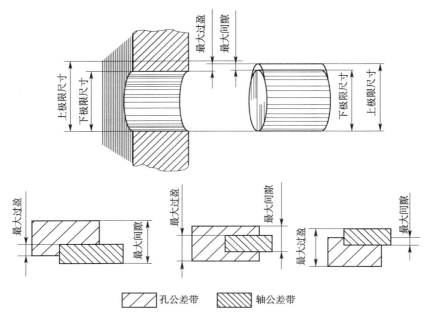

图 1-20　过渡配合的孔轴公差带

二、配合公差

配合公差就是允许间隙或过盈的变动量，用 T_f 表示。

配合公差越大，则配合后的松紧差别程度越大，即配合的一致性差，配合的精度低。反之，配合公差越小，配合后的松紧差别程度也越小，即配合的一致性好，配合的精度高。

对于间隙配合，配合公差等于最大间隙减最小间隙之差；对于过盈配合，配合公差等于最小过盈减最大过盈之差；对于过渡配合，配合公差等于最大间隙减最大过盈之差。

$$
\left.
\begin{array}{ll}
\text{间隙配合} & T_f = \left| X_{max} - X_{min} \right| \\[2mm]
\text{过盈配合} & T_f = \left| Y_{min} - Y_{max} \right| \\[2mm]
\text{过渡配合} & T_f = \left| X_{max} - Y_{max} \right|
\end{array}
\right\} T_f = T_h + T_s
\tag{1-9}
$$

配合公差等于组成配合的孔和轴的公差之和。配合精度的高低是由相配合的孔和轴决定的。配合精度要求越高，孔和轴的精度要求也越高，加工成本越高。反之，配合精度越低，孔和轴的加工成本越低。

三、配合制及配合代号

1. 配合制

为了便于应用，国家标准对孔与轴公差带之间的相互关系规定了两种基准制，即基孔制和基轴制，见表 1-20。

基　准　制　　　　　　　　　　　　　　　表 1-20

基准制	定　义	代号	基本偏差	基准件	图　示
基孔制	基本偏差为一定的孔的公差带,与不同基本偏差的轴的公差带形成各种配合的一种制度	H	EI = 0	孔	
基轴制	基本偏差为一定的轴的公差带,与不同基本偏差的孔的公差带形成各种配合的一种制度	h	es = 0	轴	

2. 配合代号

国家标准规定:配合代号用孔、轴公差带代号的组合表示,写成分数形式,分子为孔的公差带代号,分母为轴的公差带代号,如 $\phi 50H8/f7$ 或 $\phi 50 \dfrac{H8}{f7}$,其含义是:公称尺寸为 $\phi 50mm$,孔的公差带代号为 H8,轴的公差带代号为 f7,为基孔制间隙配合。

3. 常用和优先配合代号

国家标准根据我国的生产实际需求,对配合数目进行了限制。国家标准在公称尺寸至 500mm 范围内,对基孔制规定了 59 种常用配合,对基轴制规定了 47 种常用配合。这些配合分别由轴、孔的常用公差带和基准孔、基准轴的公差带组合而成。在常用配合中又对基孔制、基轴制各规定了 13 种优先配合,优先配合分别由轴、孔的优先公差带与基准孔和基准轴的公差带组合而成,见表 1-21 和表 1-22。

基孔制的优先和常用配合　　　　　　　　表 1-21

基 准 孔	轴																							
	a	b	c	d	e	f	g	h	js	k	m	n	p	r	s	t	u	v	x	y	z
	间隙配合								过渡配合				过盈配合								
H6						$\frac{H6}{f5}$	$\frac{H6}{g5}$	$\frac{H6}{h5}$	$\frac{H6}{js5}$	$\frac{H6}{k5}$	$\frac{H6}{m5}$	$\frac{H6}{n5}$	$\frac{H6}{p5}$	$\frac{H6}{r5}$	$\frac{H6}{s5}$	$\frac{H6}{t5}$					
H7						$\frac{H7}{f6}$	$\frac{H7}{g6}$	$\frac{H7}{h6}$	$\frac{H7}{js6}$	$\frac{H7}{k6}$	$\frac{H7}{m6}$	$\frac{H7}{n6}$	$\frac{H7}{p6}$	$\frac{H7}{r6}$	$\frac{H7}{s6}$	$\frac{H7}{t6}$	$\frac{H7}{u6}$	$\frac{H7}{v6}$	$\frac{H7}{x6}$	$\frac{H7}{y6}$	$\frac{H7}{z6}$

基准孔	轴																				
	a	b	c	d	e	f	g	h	js	k	m	n	p	r	s	t	u	v	x	y	z
	间隙配合								过渡配合				过盈配合								
H8					H8/e7	▼H8/f7	H8/g7	▼H8/h7	H8/js7	H8/k7	H8/m7	H8/n7	H8/p7	H8/r7	H8/s7	H8/t7	H8/u7				
				H8/d8	H8/e8	H8/f8		H8/h8													
H9			▼H9/c9	H9/d9	H9/e9	H9/f9		▼H9/h9													
H10			H10/c10	H10/d10				H10/h10													
H11	H11/a11	H11/b11	▼H11/c11	H11/d11				▼H11/h11													
H12		H12/b12						H12/h12													

注:1. H6/n5、H7/p6 在公称尺寸小于或等于3mm 和 H8/f7 在公称尺寸小于或等于100mm 时,为过渡配合;

2. 标注有▼符号的配合为优先配合。

基轴制的优先和常用配合　　　　　　　　　　表1-22

基准轴	孔																				
	A	B	C	D	E	F	G	H	JS	K	M	N	P	R	S	T	U	V	X	Y	Z
	间隙配合								过渡配合				过盈配合								
h5						F6/h5	G6/h5	H6/h5	JS6/h5	K6/h5	M6/h5	N6/h5	P6/h5	R6/h5	S6/h5	T6/h5					
h6						F7/h6	▼G7/h6	▼H7/h6	JS7/h6	▼K7/h6	M7/h6	▼N7/h6	▼P7/h6	R7/h6	▼S7/h6	T7/h6	▼U7/h6				
h7					E8/h7	▼F8/h7		▼H8/h7	JS8/h7	K8/h7	M8/h7	N8/h7									
h8				D8/h8	E8/h8	F8/h8		H8/h8													
h9				▼D9/h9	E9/h9	F9/h9		▼H9/h9													
h10				D10/h10				H10/h10													
h11	A11/h11	B11/h11	▼C11/h11	D11/h11				▼H11/h11													
h12		B12/h12						H12/h12													

注:标注有▼符号的配合为优先配合。

四、识读配合代号并根据配合性质进行间隙或过盈量计算

滑动轴承在工作时,轴和轴承座[图1-21a]或轴瓦[图1-21b)、c]之间有相对运动,所以轴和孔之间要有一定的间隙。

从结构上看图1-21a)的滑动轴承没有装轴瓦,图1-21b)、c)都装有轴瓦。在轴瓦的固定方式上,图1-21b)依靠轴瓦与轴承座孔之间的紧密结合,图1-21c)采用骑缝紧定螺钉。从使用要求上看,图1-21b)、c)的轴瓦与轴承座之间不能产生相对转动,否则注油孔会堵塞,影响润滑。

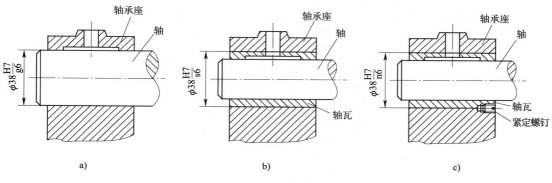

图1-21　滑动轴承装配图

图1-20中标注了 $\phi38\dfrac{H7}{g6}$ 、$\phi38\dfrac{H7}{s6}$ 、$\phi38\dfrac{H7}{n6}$ 三个配合尺寸代号,识读各代号的含义,查表确定各代号的孔和轴的尺寸公差,分别绘制出公差带图,分析配合的性质并进行最大、最小间隙或过盈量的计算。

1. 配合尺寸 $\phi38\dfrac{H7}{g6}$

分析配合尺寸 $\phi38H7/g6$,结果汇总见表1-23。

配合尺寸 $\phi38H7/g6$ 的分析结果 　　　　　　　　　　　表1-23

步　骤	孔 的 代 号	孔 的 极 限 偏 差	轴 的 代 号	轴 的 极 限 偏 差
（1）识读配合代号并确定上下极限偏差	H7	（查附表二和附表四）$\phi 38^{+0.025}_{0}$	g6	（查附表一和附表三）$\phi 38^{-0.009}_{-0.025}$
（2）标注孔、轴的尺寸,并绘制配合公差带图	a)轴承座	b)轴		c)配合公差带图
（3）判定配合性质	由于孔的公差带完全在轴的公差带之上,故为间隙配合			

续上表

步　　骤	孔的代号	孔的极限偏差	轴的代号	轴的极限偏差
（4）计算间隙或过盈	最大间隙	$X_{\max} = D_{\max} - d_{\min} = ES - ei = +0.025 - (-0.025) = 0.05\,(mm)$		
	最小间隙	$X_{\min} = D_{\min} - d_{\max} = EI - es = 0 - (-0.009) = 0.009\,(mm)$		

2. 配合尺寸 $\phi38\dfrac{H7}{s6}$

分析配合尺寸 $\phi38H7/s6$，结果汇总见表 1-24。

配合尺寸 $\phi38H7/s6$ 的分析结果　　　　　　　　　　　　　　表 1-24

步　　骤	孔的代号	孔的极限偏差	轴的代号	轴的极限偏差
（1）识读配合代号并确定上下极限偏差		（查附表 2 和附表 4）		（查附表 1 和附表 3）
（2）标注孔、轴的尺寸，并绘制配合公差带图	a)轴承座　　b)轴瓦　　c)配合公差带图			
（3）判定配合性质				
（4）计算间隙或过盈				

注：表格中空白处由教师引导，学生自主完成。

3. 配合尺寸 $\phi38\dfrac{H7}{n6}$

分析配合尺寸 $\phi38H7/n6$，结果汇总见表 1-25。

配合尺寸 $\phi38H7/n6$ 的分析结果　　　　　　　　　　　　　　表 1-25

步　　骤	孔的代号	孔的极限偏差	轴的代号	轴的极限偏差
（1）识读配合代号并确定上下极限偏差		（查附表 2 和附表 4）		（查附表 1 和附表 3）
（2）标注孔、轴的尺寸，并绘制配合公差带图	a)轴承座　　b)轴瓦　　c)配合公差带图			

步　　骤	孔 的 代 号	孔 的 极 限 偏 差	轴 的 代 号	轴 的 极 限 偏 差
（3）判定配合性质				
（4）计算间隙或过盈				

注：表格中空白处由教师引导，学生自主完成。

模块6　公差带与配合的选择

在机械制造和维修中，合理的选用公差带与配合是非常重要的，它对提高产品的性能、质量以及降低制造成本都有重大作用。公差带与配合的选择就是公差等级、配合制和配合种类的选择。实际工作中，三者是有机联系的，因而往往是同时进行的。

一、公差等级的选择

选择公差等级时要综合考虑使用性能和经济性能两个方面的因素，总的选择原则是：在满足使用要求的条件下，尽量选取低的公差等级。

选用公差等级时一般情况下采用类比的方法，即参考经过实践证明是合理的典型产品的公差等级，结合待定零件的配合、工艺和结构等特点，经分析对比后确定公差等级。用类比法选择公差等级时，应掌握各公差等级的应用范围，以便类比选择时有所依据。

各公差等级的应用实例，见表1-26。

各公差等级的应用实例　　　　　　　　　　　　　表1-26

公 差 等 级	主 要 应 用 实 例
IT01 ~ IT1	一般用于精密标准量块。IT1也用于检验IT6和IT7级轴用量规的校对量规
IT2 ~ IT7	用于检验工件IT5 ~ IT16的量规的尺寸公差
IT3 ~ IT5 （孔为IT6）	用于精度要求很高的重要配合。例如机床主轴与精密滚动轴承的配合、发动机活塞销与连杆孔和活塞孔的配合 配合公差很小，对加工要求很高，应用较小
IT6（孔为IT7）	用于机床、发动机和仪表中的重要场合。例如机床传动机构中的齿轮与轴的配合、轴与轴承的配合、发动机中活塞与汽缸、曲轴与轴承、气阀杆与导套的配合等 配合公差较小，一般机密加工能够实现，在精密机械中广泛应用

公 差 等 级	主 要 应 用 实 例
IT7、IT8	用于机床和发动机中不太重要的配合,也用于重型机械、农业机械、纺织机械、机车车辆等重要配合。例如机床上操纵杆的支承配合、发动机活塞环与活塞环槽的配合、农业机械中齿轮与轴的配合等
IT9、IT10	用于一般要求或长度精度要求较高的配合,某些非配合尺寸的特殊要求。例如飞机机身的外部尺寸,由于质量限制,要求达到 IT9 或 IT10
IT11、IT12	多用于各种没有严格要求,只要求便于连接的配合。例如螺栓和螺孔、铆钉和孔的配合
IT12 ~ IT18	用于非配合尺寸和粗加工的工序尺寸上。例如手柄的直径、壳体的外形和壁厚尺寸,以及端面之间的距离等

二、配合制的选用

1. 优先选用基孔制

一般情况下,应优先选用基孔制。这是因为中、小尺寸段的孔精加工一般采用铰刀、拉刀等定尺寸刀具,检验也多采用塞规等定尺寸量具,而轴的精加工不存在这类问题。因此,采用基孔制可以减少定尺寸刀具、量具的品种和规格,有利于刀具和量具的标准化、系列化,从而降低生产成本。

2. 在下列情况下可采用基轴制

(1)有明显经济效益时。例如,采用冷拉钢材做轴时,由于本身的精度已能满足设计要求,故不加工就可以直接当轴使用。此时采用基轴制,只需对孔进行加工即可。

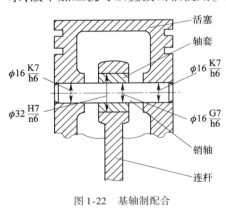

图 1-22 基轴制配合

(2)同一轴与公称尺寸相同的几个孔配合,且配合性质要求不同的情况下,选用基轴制,这样在技术上和经济上都是合理的。如图 1-22 所示,销轴与活塞的轴孔的配合为过渡配合,而与轴套的配合为间隙配合。如要采用基孔制,则需要把销轴加工成两头大中间小的台阶轴,显然不利于加工,更无法将轴套装配在销轴上。

3. 根据标准件选用配合制

当设计的零件与标准件配合时,配合制的选择通常依标准件而定。例如,当零件与滚动轴承配合时,因滚动轴承是标准件,所以滚动轴承内圈与轴的配合采用基孔制,而滚动轴承外圈与孔的配合采用基轴制,如图 1-23 所示

三、配合种类的选择

选用配合种类在一般情况下通常采用类比法,即与经过生产和使用验证后的某种配合进行比较,然后确定其配合种类。

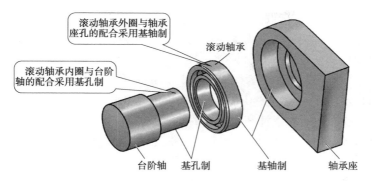

图 1-23　与滚动轴承配合的基准制的选择

具体步骤如下：

（1）首先根据使用要求，确定配合的类别，即确定是间隙配合、过盈配合，还是过渡配合。

（2）进一步类比确定选用哪一种配合。

采用类比法选择配合时，首先应了解该配合部位在机器中的作用、使用要求及工作条件，还应该掌握国家标准中各种基本偏差的特点，了解各种常用和优先配合的特征及应用场合，熟悉一些典型的配合实例。

（3）当实际工作条件与典型配合的应用场合有所不同时，应对配合的松紧做适当的调整，最后确定选用哪种配合。

模块 7　用内径百分表检测零件

一、认识百分表

1. 百分表的外形和结构

百分表是应用最广泛的机械式量仪，其外形与结构如图 1-24 所示。百分表的体积小、结构紧凑、读数方便、测量范围大、用途广泛。百分表的示值范围通常有 0～3mm、0～5mm、0～10mm 三种。

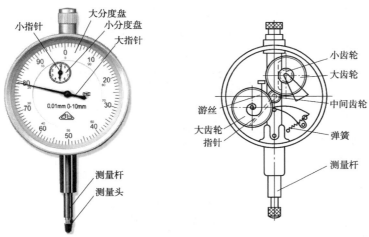

图 1-24　百分表的外形与结构

2. 百分表的分度原理与读数方法

百分表利用机械传动系统,将测量的直线位移转换为指针的角位移,百分表的测量杆移动1mm,通过齿轮传动系统使大指针回转一周。大分度盘沿圆周有100个刻度,当指针转过1格时,表示所测量的尺寸变化为 1/100 = 0.01mm,所以百分表的分度值为0.01mm。图1-23所示的百分表:示值范围为0～10mm,分度值为0.01mm。

用百分表测量尺寸时,大指针和小指针的位置都在变化。大指针转动一圈,小指针转一格(1mm),所以毫米整数值从小指针转过的格数读得,毫米小数值从大指针的指示位置读得,当指针停在两刻线之间时,可以进行估读。读数时,先读小分度盘的格数 n,再读大分度盘的格数 m,则测量值为($n \times 1 + m \times 0.01$)mm。

3. 百分表的使用注意事项

(1)测量前应检查表盘玻璃是否破裂或脱落,测量头、测量杆、套筒等是否有碰伤或锈蚀,指针是否松动,指针的转动是否平稳等。

(2)测量时应使测量杆垂直零件被测表面,如图1-25a)所示。测量圆柱面的直径时,测量杆的中心线要通过被测圆柱面的轴线,如图1-25b)所示。

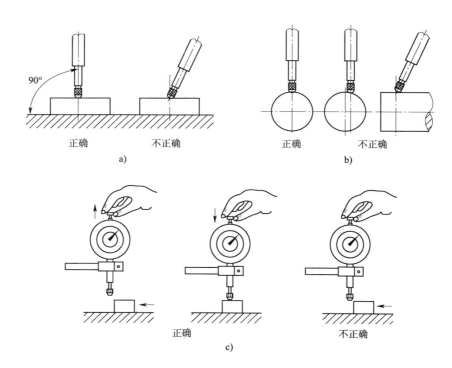

图1-25　百分表的使用注意事项

(3)测量头开始与被测表面接触时,测量杆就应压缩0.3～1mm,以保持一定的初始测量力。

(4)测量时应轻提测量杆,移动工件至测量头下面(或将测量头移至工件上),再缓慢放下与被测表面接触。不能急骤放下测量杆,否则,易造成测量误差。不准将工件强行推入至测量头下,以免损坏量仪,如图1-25c)所示。

4. 内径百分表

内径百分表的结构如图 1-26 所示,它由百分表、锁紧装置、手柄、测量杆、定位护桥、活动测头、可换测头等组成。内径百分表适合测量深孔的直径尺寸。

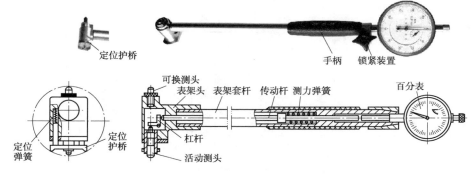

图 1-26 内径百分表

5. 常用百分表架

百分表配合表架使用,可对长度尺寸进行相对测量。图 1-27 所示为常用百分表架。

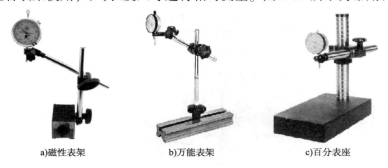

a)磁性表架   b)万能表架   c)百分表座

图 1-27 常有百分表架

6. 杠杆百分表

杠杆百分表如图 1-28 所示,它体积较小,测头的位移方向可以改变,尤其对小孔的测量和在机床上校正零件时,由于空间限制,百分表放不进去或测量杆无法垂直于工件表面,这时使用杠杆百分表就显得尤为方便。

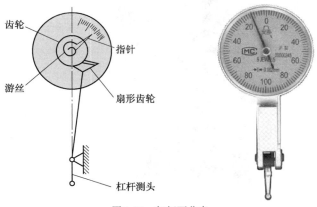

图 1-28 杠杆百分表

二、使用内径百分表检测轴套孔径

图 1-29 所示为轴套零件,其内部 $\phi32^{+0.050}_{0}$ mm 孔很深,而游标卡尺和千分尺的量爪较短,无法测量。请用内径百分表检测该孔径。

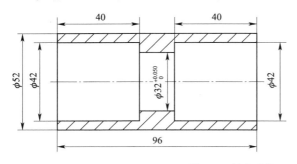

图 1-29　轴套零件

1. 选择、安装、调整并校正内径百分表

选择、安装、调整并校正内径百分表见表 1-27。

内径百分表的选择、安装、调整并校正　　　　　　　　　　　　　　　表 1-27

步　骤	图　示	说　明
选择内径百分表		根据轴套被测尺寸,选择测量范围为 18～35mm,精度为 0.01mm 的内径百分表
安装调整内径百分表	a)插装　　b)预压　　c)锁紧	将百分表装入测量架内,预压 1mm 左右,使小指针在"1"的位置上,锁紧锁紧装置
安装可换测头		每把内径百分表都配有成套的可换测头,测量时,应根据被测零件的公称尺寸选择可换测头,并保证可换测头与活动测头之间的长度大于被测尺寸 0.8～1mm

续上表

步 骤	图 示	说 明
校正百分表的零位	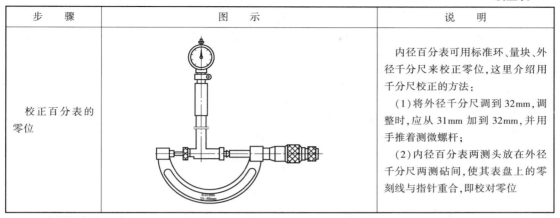	内径百分表可用标准环、量块、外径千分尺来校正零位,这里介绍用千分尺校正的方法: (1)将外径千分尺调到32mm,调整时,应从 31mm 加到 32mm,并用手推着测微螺杆; (2)内径百分表两测头放在外径千分尺两测砧间,使其表盘上的零刻线与指针重合,即校对零位

2. 测量轴套孔径

测量轴套孔径见表1-28。

测 量 轴 套 孔 径　　　　　　　表 1-28

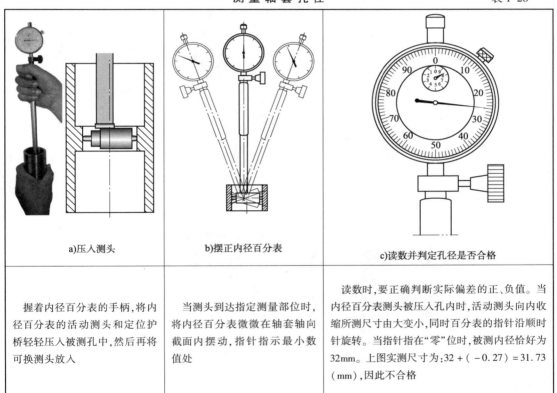

a)压入测头	b)摆正内径百分表	c)读数并判定孔径是否合格
握着内径百分表的手柄,将内径百分表的活动测头和定位护桥轻轻压入被测孔中,然后再将可换测头放入	当测头到达指定测量部位时,将内径百分表微微在轴套轴向截面内摆动,指针指示最小数值处	读数时,要正确判断实际偏差的正、负值。当内径百分表测头被压入孔内时,活动测头向内收缩所测尺寸由大变小,同时百分表的指针沿顺时针旋转。当指针指在"零"位时,被测内径恰好为32mm。上图实测尺寸为:32 + (− 0.27) = 31.73(mm),因此不合格

模块8　用光滑极限量规检验零件

检验工件光滑圆柱孔或轴的尺寸时,可选用通用量具,也可使用光滑极限量规。游标卡尺、千分尺、百分表等通用量具,能直接读出或计算出工件的尺寸。在生产、维修的检验环节,不需要读出具体尺寸数值,只需判断出被检验零件是否合格,用这些测量器具检测零件势必会影响测量速度,直接导致生产效率的降低。

光滑极限量规就是一种没有刻度的专用量具,它不能测量工件的实际尺寸,只能判断工件合格与否。

一、认识光滑极限量规

国家标准规定,光滑极限量规用于检验公称尺寸小于或等于500mm、公差等级为IT6~IT16级的轴和孔。

根据工作性质不同,可以将光滑极限量规分为轴用量规和孔用量规。

1. 塞规

塞规(图1-30)是孔用光滑极限量规,有通端(根据孔的下极限尺寸确定,用字母T表示)和止端(根据孔的上极限尺寸确定,用字母Z表示),图1-29b)所示塞规的通端尺寸为54.030mm,止端尺寸为54.076mm。

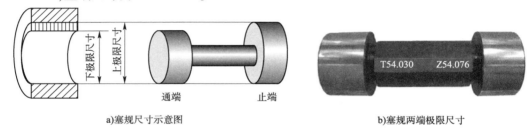

a)塞规尺寸示意图　　　　　　　　　　　　　　　b)塞规两端极限尺寸

图1-30　塞规

尺寸小于或等于100mm时,通规应为全型塞规,否则,为不全型塞规,如图1-31所示。尺寸小于18mm时,止规应为全型塞规,否则,为不全型塞规。目前使用的塞规的通规和止规多做成相同类型。

图1-31　各种类型塞规

用塞规检验工件时,只有通规能通过工件而止规通不过才表示被检工件合格,否则为不合格。

2. 卡规

卡规是轴用光滑极限量规,也有通端(根据轴的上极限尺寸确定,用字母T表示)和止端(根据轴的下极限尺寸确定,用字母Z表示),其尺寸如图1-32所示。常用卡规有单头卡规和双头卡规两种,如图1-33所示。双头卡规的通端和止端分别在两头,其测量面为两平行面;单头卡规的通端和止端在一头,通断在外侧,止端在内侧。

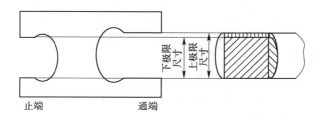

图 1-32 卡规尺寸示意图

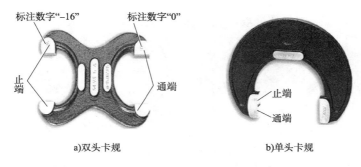

a)双头卡规   b)单头卡规

图 1-33 卡规

尺寸小于 100mm 时,通规应为全型环规,否则,为不全型卡规,如图 1-34 所示。止规类型均为卡规。

用卡规检验工件时,合格工件的轴颈应当能通过通端而不能通过止端,如图 1-35 所示。

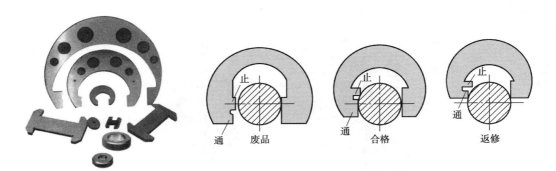

图 1-34 卡规和环规   图 1-35 用卡规检验工件示意图

二、用光滑极限量规检验轴套的内、外径

有一大批轴套零件,其形状尺寸如图 1-36 所示。请分别用塞规和卡规检验轴套的内、外径尺寸。

1. 测量前的准备

(1)测量前,检查所用光滑极限量规与图样上公称尺寸、公差是否相符。

(2)检查光滑极限量规测量面有无毛刺、划伤、锈蚀等缺陷。

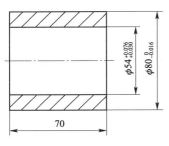

图1-36　轴套

（3）检查被测零件的表面有无毛刺、棱角等缺陷。

（4）用清洁的细棉纱或软布，擦净光滑极限量规的工作表面，允许在工作表面涂薄油，减少磨损。

（5）辨别通端、止端。

2. 用塞规检验孔径

（1）保证塞规轴线与被测零件孔轴线同轴，以适当接触力接触，通端可自由进入孔内，如图1-37a）所示。用全型塞规检验垂直位置的零件孔，应从上面检验，凭塞规自身重力，让通规滑进孔中。

（2）止端只允许顶端倒角部分放入孔边，而不能全部塞入，如图1-37b）所示。

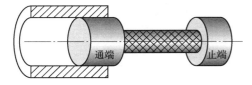

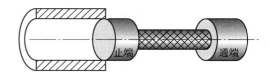

a)通端进入零件孔内　　　　　　　　　　b)止端不能进入零件孔内

图1-37　用塞规检验轴套工件

（3）塞规不可倾斜塞入孔中，不可强推、强压，通端不能在孔内转动。

（4）通端在孔整个长度上检验，止端只需在孔两头检验即可。

因此，该轴套内径尺寸合格。

3. 用卡规检验外圆柱面直径

（1）轻握卡规，卡规测量面与被测轴颈轴线平行，如图1-38所示。通端可在零件上滑过，止端只与被测零件接触。

a)通端在零件上滑过　　　　　　　　b)止端只与被测零件接触

图1-38　用卡规检验轴套工件

（2）在多个不同截面、不同位置检验，沿轴和围绕轴不少于4个位置上进行检验。

（3）不可用力将卡规压在工件表面上。

（4）卡规测量面不得歪斜。

因此，该轴套外径尺寸也合格。

单元二
几何公差与检测

模块 1　认识几何公差的项目及符号

由于机床夹具、刀具及工艺操作水平等因素的影响,经过机械加工后,零件的尺寸、形状及表面质量均不能做到完全理想而出现的加工误差,归纳起来除了有尺寸误差外,还会出现形状误差、方向误差、位置误差和表面粗糙度等。如车削时三爪卡盘夹紧的环形工件,会因夹紧力使工件变形成为棱圆形(形状误差),如图 2-1 所示;钻孔时钻头移动方向与工作台面不垂直,会造成孔的轴线对定位基面的垂直度误差(方向误差),如图 2-2 所示。

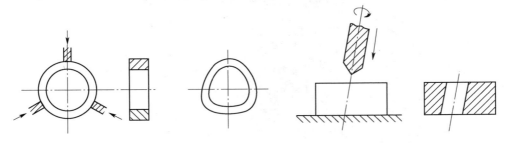

图 2-1　车削形成的形状误差　　　　图 2-2　钻削形成的方向误差

形位误差不仅会影响机械产品的质量(如工作精度、连接强度、运动平稳性、密封性、耐磨性、噪声和使用寿命等),还会影响零件的互换性。例如,圆柱表面的形状误差,在间隙配合中会使间隙大小分布不均,造成局部磨损加快,从而降低零件的使用寿命;平面的形状误差,会减少配合零件的实际接触面积,增大单位面积压力,从而增加变形。

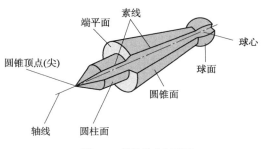

图 2-3 零件的几何要素

一、几何要素及其分类

任何零件都是由点、线、面构成的,几何公差的研究对象就是构成零件几何特征的点、线、面,统称为几何要素,简称要素。图 2-3 所示的零件,可以分解成球面、球心、中心线、圆锥面、端平面、圆柱面、圆锥顶点(锥顶)、素线、轴线等要素。

零件的几何要素可以按照以下几种方式分类,见表 2-1。

零件几何要素的分类 表 2-1

分类方式	种类	定 义	说 明
按存在的状态	理想要素	具有几何意义的要素	绝对准确,不存在任何几何误差,用来表达设计的理想要求,如图 2-4 所示
	实际要素	零件上实际存在的要素	由于加工误差的存在,实际要素具有几何误差。标准规定:零件实际要素在测量时用测得要素来代替,如图 2-4 所示
按在几何公差中所处的地位	被测要素	图样上给出了形状或(和)位置公差的要素	如图 2-5 中,ϕd_1 圆柱面给出了圆柱度要求,ϕd_2 圆柱的轴线对 ϕd_1 圆柱的轴线给出了同轴度要求,台阶面对 ϕd_1 圆柱的轴线给出了垂直度要求,因此,ϕd_1 圆柱面,ϕd_2 圆柱面的轴线和台阶面就是被测要素
	基准要素	用来确定被测要素的方向或(和)位置的要素	如图 2-5 中,ϕd_1 圆柱面的轴线是 ϕd_2 圆柱的轴线和台阶面的基准要素
按几何特征	组成要素	构成零件外形的点、线、面	是可见的,能直接为人们所感受到的。如图 2-3 中圆柱面、圆锥面、球面、素线、锥顶
	导出要素	表示组成要素中心的点、线、面	是不可见的,不能直接为人们所感受到的。但可通过相应的组成要素来模拟和体现,如图 2-3 中的轴线,球心,图 2-4 中的 φd_1、φd_2 圆柱轴线
功能要求	单一要素	指仅对其本身给出形状公差要求的要素,与其他要素无功能关系	
	关联要素	指与基准要素有功能关系、并给出位置公差要求的要素	

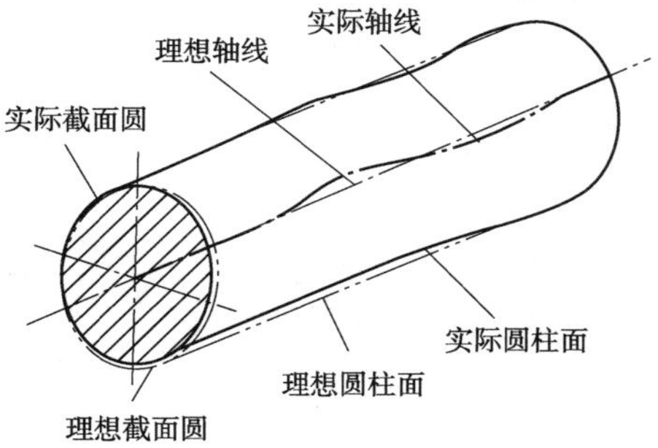

图 2-4　理想要素和实际要素

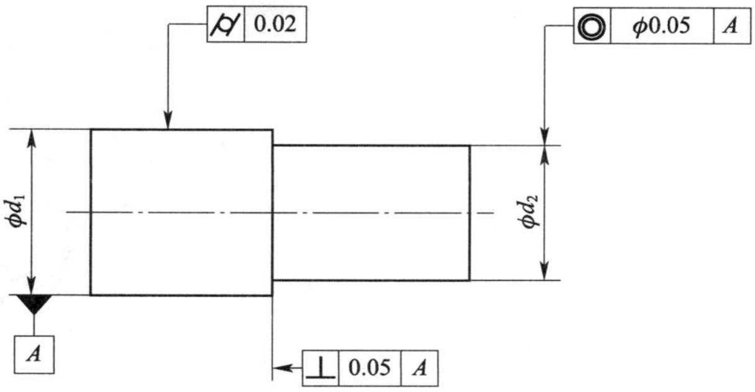

图 2-5　被测要素与基准要素

二、几何公差的项目及符号

几何公差可分为:形状公差、方向公差、位置公差和跳动公差。

几何公差各项目的名称和符号见表 2-2。

几何公差各项目的名称和符号　　　　表 2-2

公差类型	几 何 特 征	符号	有无基准	公差类型	几 何 特 征	符号	有无基准
形状公差	直线度	—	无	位置公差	位置度	⌖	有或无
	平面度	▱	无		同心度(用于中心点)	◎	有
	圆度	○	无		同轴度(用于轴线)	◎	有
	圆柱度	⌭	无		对称度	⌯	有
	线轮廓度	⌒	无		线轮廓度	⌒	有
	面轮廓度	⌓	无		面轮廓度	⌓	有
方向公差	平行度	//	有	跳动公差	圆跳动	↗	有
	垂直度	⊥	有		全跳动	⌰	有
	倾斜度	∠	有				
	线轮廓度	⌒	有				
	面轮廓度	⌓	有				

三、几何公差带

加工后的零件,构成其形状的各实际要素的形状和位置在空间的各个方向都可能产生误差,为了限制这两种误差,可以根据零件的功能要求,对实际要素给出一个允许变动的区域。若实际要素位于这一区域内即为合格,超出这一区域时则不合格,这个限制实际要素变动的区域称为几何公差带。

图样上给出的几何公差要求,实际上都是对实际要素规定的一个允许变动的区域,即给定一个公差带。一个确定的几何公差带是由形状、大小、方向和位置四个要素确定的。

1. 几何公差带形状

几何公差带形状由公差项目及被测要素与基准要素的几何特征来确定。圆度公差带形状是两同心圆之间的区域。而对于直线度,当被测要素为给定平面内的直线时,公差带形状为两平行直线之间的区域；当被测要素为轴线时，公差带形状为一个圆柱内的区域，如图 2-6 所示。

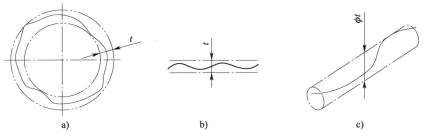

a)   b)   c)

图 2-6 几何公差带的形状示例

几何公差带的形状较多，主要有以下几种，见表 2-3。

几何公差带的形状   表 2-3

序号	公 差 带	形 状	被测要素	应 用 项 目
1	两平行直线		直线	给定平面内的直线度、平面内直线的位置度等
2	两等距曲线		曲线	线轮廓度
3	两同心圆		圆	圆度、径向圆跳动
4	一个圆		点	平面内点的位置、同轴（心）度
5	一个球		空间点	空间点的位置度
6	一个圆柱		轴线	轴线的直线度、平行度、垂直度、倾斜度、位置度、同轴度
7	两同轴圆柱		圆柱度	圆柱度、径向全跳动

序号	公差带	形状	被测要素	应用项目
8	两平行平面		平面	平面度、平行度、垂直度、倾斜度、位置度、对称度、轴向全跳动等
9	两等距曲面		曲面	面轮廓度

2. 几何公差带大小

几何公差带大小指公差带的宽度、直径或半径差的大小。由图样上给定的形位公差值确定。

四、认识零件的几何公差

图 2-7 所示为零件常见的几何公差要求,结合所学,完成表 2-4 中的各项内容。

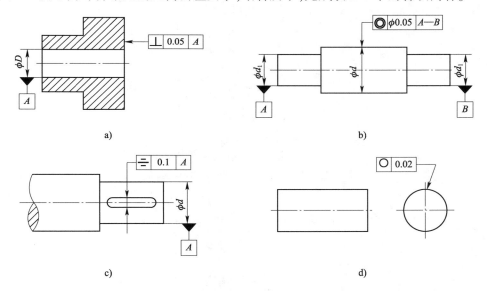

图 2-7　零件常见的几何公差

各几何公差的含义　　　　　　　　　　　　　　　　　　表 2-4

图号	几何公差项目符号	几何公差项目名称	被测要素	基准要素	公差带形状及大小
图 2-7a)	⊥	垂直度	右端面	ϕD 孔的中心线	两平行平面;0.05mm
图 2-7b)	◎				

续上表

图号	几何公差项目符号	几何公差项目名称	被测要素	基准要素	公差带形状及大小
图2-7c)	⩦				
图2-7d)	○				

注：表格中空白处由教师引导，学生自主完成。

模块2　几何公差的标注及应用识读

一、几何公差的代号和基准符号

1. 几何公差的代号

几何公差的代号包括几何公差框格和指引线、几何公差有关项目的符号、几何公差数值和其他有关符号、基准字母和其他有关符号等。

如图2-8所示，公差框格分为两格或多格式，框格内由左向右填写以下内容：

第一格填写几何公差项目符号；

第二格填写几何公差数值和有关符号；

第三格和以后各格填写基准符号字母和有关符号。

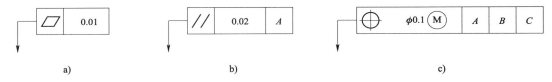

a)　　　　　　　　　　b)　　　　　　　　　　c)

图2-8　几何公差的代号

2. 基准符号

在几何公差的标注中，与被测要素相关的基准用一个大写字母表示。字母标注在基准方格内，与一个空白或涂黑的三角形相连以表示基准。涂黑的和空白的基准三角形含义相同，如图2-9所示。

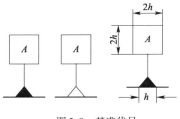

图2-9　基准代号

二、被测要素的标注

几何公差的指引线从框格线的一端指向被测要素，箭头的方向一般垂直于被测要素，不同的被测要素，箭头的指示位置也不同。

1. 被测要素为轮廓线或轮廓面时指引线的画法

当被测要素为轮廓线或轮廓面时，指引线的箭头直接指向该要素的轮廓线或其延长线，且与尺寸线明显错开，如图2-10所示。

2. 被测要素为中心线或中心平面时指引线的画法

当被测要素为中心线或中心平面时，指引线的箭头应与相应轮廓的尺寸线对齐，如图2-11所示。

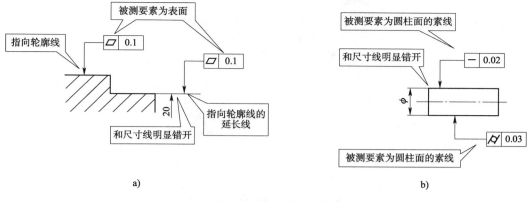

图 2-10 被测要素为轮廓线或轮廓面

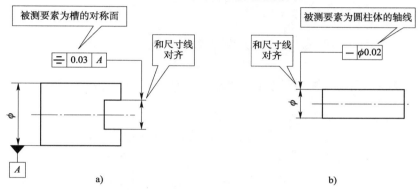

图 2-11 被测要素为中心线或中心平面

三、基准要素的标注

1. 基准为轮廓线或轮廓面时基准符号的位置

当基准为轮廓线或轮廓面时,基准符号的三角形应靠近基准要素的轮廓线或其延长线,且与尺寸线明显错开,如图 2-12 所示。

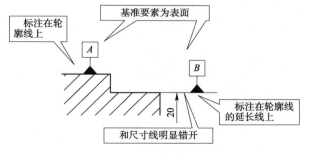

图 2-12 基准为轮廓线或轮廓面

2. 基准为中心线或中心平面时基准符号的位置

当基准为中心线或中心平面时,基准符号的三角形应与相应轮廓的尺寸线对齐。如果没有足够的位置标注基准要素尺寸的两个箭头时,其中一个箭头可以用基准三角形替代,如图 2-13 所示。

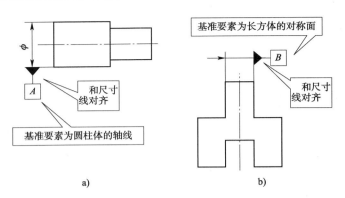

图 2-13　基准为中心线或中心平面

四、几何公差的其他标注规定

（1）公差框格中所标注的公差值如无附加说明,则被测范围为箭头所指的整个组成要素或导出要素。

（2）如果被测范围仅为被测要素的一部分时,应用粗点划线画出该范围,并标出尺寸,如图 2-14 所示。

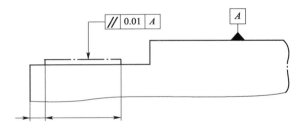

图 2-14　被测范围为部分被测要素时的标注

（3）若需给出被测要素任一固定长度上(或范围)的公差值时,其标注方法见表 2-5。

固定长度上(或范围)的公差值　　　　　　　　　　　　表 2-5

序　号	图　　样	注　　释
1	— 0.02/100	表示在任一 100mm 长度上的直线度公差数值为 0.02mm
2	▱ 0.02/□100	表示在任一 100mm×100mm 的正方形面积内,平面度公差数值为 0.05mm

续上表

序　号	图　样	注　释
3	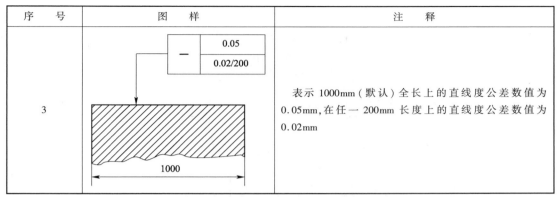	表示1000mm（默认）全长上的直线度公差数值为0.05mm,在任一200mm长度上的直线度公差数值为0.02mm

（4）给定的公差带形状为圆或圆柱时,应在公差数值前加注"ϕ"；当给定的公差带形状为球时,应在公差数值前加注"$S\phi$",如图2-15所示。

图2-15　公差值带为圆、圆柱或球时的标注

（5）几何公差附加符号,见表2-6。

几何公差附加符号　　　　　　　　　　　　　　　表2-6

符　号	解　释	标注示例
（＋）	若被测要素有误差,则只允许中间向材料外凸起	― ｜ 0.01(+)
（－）	若被测要素有误差,则只允许中间向材料内凹下	▱ ｜ 0.05(－)
（▷）	若被测要素有误差,则只允许按符号的小端方向逐渐缩小	∠ ｜ 0.05(◁)
		∥ ｜ 0.05(▷) ｜ A

五、识读图样中的几何公差

图2-16所示台阶轴零件,图中有垂直度、同轴度、平行度、对称度等要求,在加工或维修零件时应对其含义进行识读。

1. ⌒ ｜ 0.05 的含义

被测要素 $\phi22_{-0.013}^{\ 0}$ 圆柱面的圆柱度公差值为0.05mm。表示该圆柱面的任一横截面内实际圆周应限定在半径差为0.05mm的两个同轴圆柱面之间。

2. ⊥ ｜ $\phi0.01$ ｜ B 的含义

被测要素 $\phi22_{-0.013}^{\ 0}$ 圆柱体的轴线相对于 $\phi32$mm圆柱右端面的垂直度公差为 $\phi0.01$mm。表示圆柱面的实际中心线应限定在直径等于 $\phi0.01$mm、垂直于 $\phi32$mm圆柱右端面的圆柱面内。

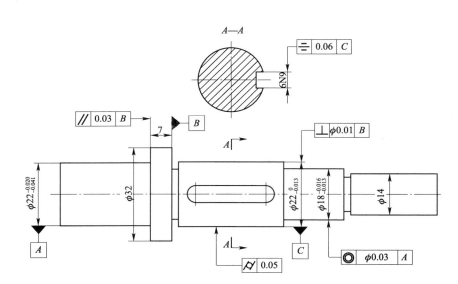

图 2-16　台阶轴

3. ⌖| $\phi0.03$ |A| 的含义

被测要素 $\phi18^{-0.016}_{-0.034}$ 圆柱体的轴线相对于基准要素 $\phi20^{-0.020}_{-0.041}$ 圆柱体的轴线的同轴度公差为 $\phi0.03\text{mm}$，表示 $\phi18^{-0.016}_{-0.034}$ 圆柱体的实际中心线应限定在直径等于 $\phi0.03\text{mm}$、以 $\phi20^{-0.020}_{-0.041}$ 圆柱体的轴线为轴线的圆柱面内。

4. //| 0.03 |B| 的含义

被测要素 $\phi32\text{mm}$ 圆柱左端面现对于基准要素 $\phi32\text{mm}$ 圆柱右端面的平行度公差为 0.03mm。表示实际表面应限定在间距等于 0.03mm、平行于 $\phi32\text{mm}$ 圆柱右端面的两平行平面之间。

5. ⌯| 0.06 |C| 的含义

被测要素 6N9 键槽的上下对称面相对于基准要素 $\phi22^{0}_{-0.013}$ 圆柱体的轴线的对称度公差为 0.06mm。表示实际中心面应限定在间距等于 0.06mm、对称于 $\phi22^{0}_{-0.013}$ 圆柱体的轴线（过 $\phi22^{0}_{-0.013}$ 圆柱体轴线的理想平面）的两平行平面之间。

模块 3　解读并检测零件的形状公差

形状公差是指单一实际要素的形状所允许的变动全量。包括直线度、平面度、圆度、圆柱度、线轮廓度、面轮廓度等。

模块 3-1　解读并检测零件的直线度

一、直线度概念及其公差带

直线度是用于限制平面内的直线或空间直线的形状误差。国家标准规定的直线度公差带有三种，其公差带含义和标注见表 2-7。

直线度公差

表 2-7

项　目	功　用	公差带的含义	示　例
给定平面	用于限制给定平面内的直线形状误差	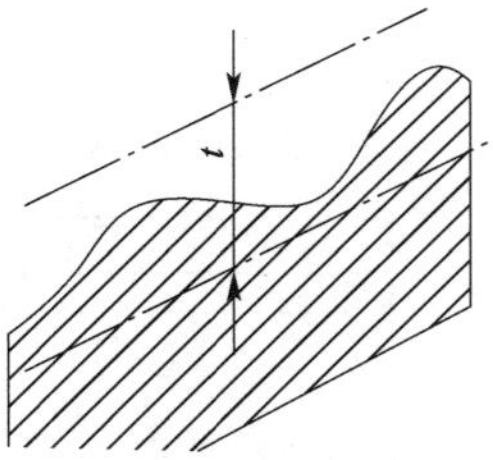 公差带为在给定平面内和给定方向上,间距等于公差值 t 的两平行直线所限定的区域	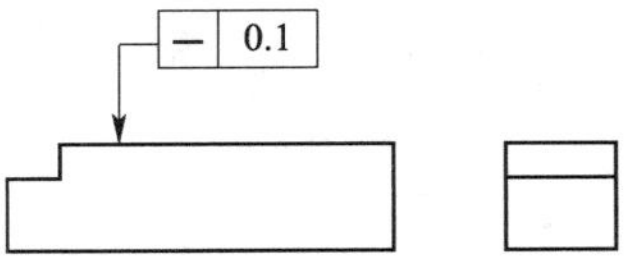 在任一平行于图示投影面的平面内上表面的实际线应限制在距离等于公差值 0.1mm 的两平行直线之间
给定方向	用于限制给定方向上的直线形状误差	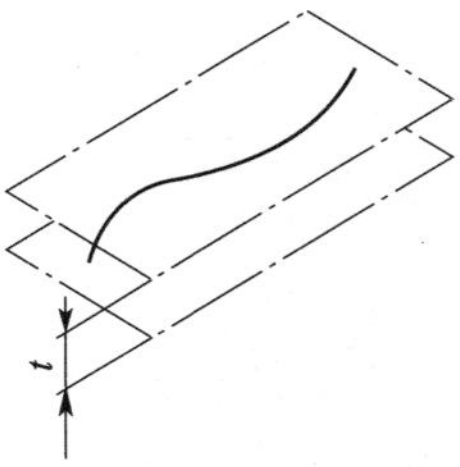 在给定方向上,公差带是距离为公差值 t 的两平行平面所限定的区域	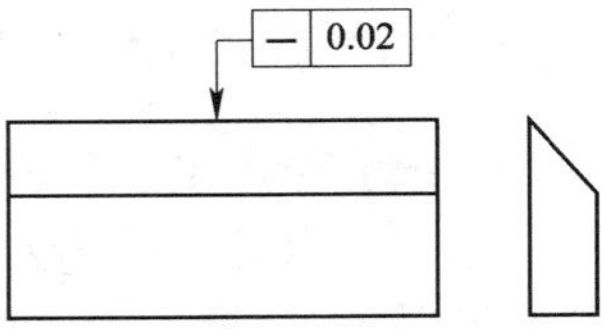 被测实际棱线应限定在间距等于公差值 0.02mm 的两平行平面之间
任意方向	用于限制空间直线形状误差	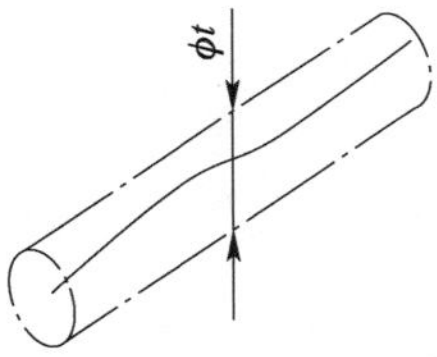 在任意方向上,公差带为直径等于公差值 t 的圆柱面所限定的区域	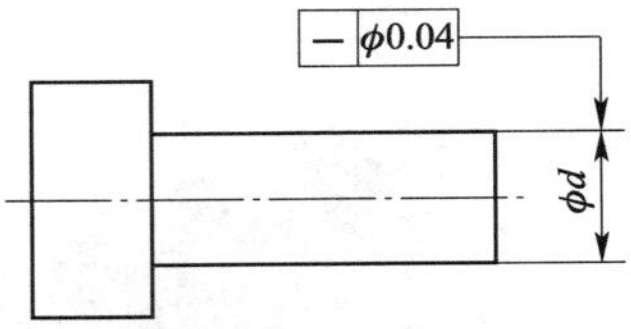 被测外圆柱面的实际轴线应限定在直径等于 ϕ0.04mm 的圆柱面内

二、解读导轨直线度公差

图 2-17 为卧式车床 V 形导轨的图样,为了保证车床的加工精度,对 V 形导轨的上棱边给出了直线度公差要求。

1. 认识直线度公差框格

图 2-17 中的 —0.025 表示零件的直线度要求,"—"是直线度符号,引线箭头指向的被测要素是平面导轨的表面。

2. 分析直线度公差带

框格中的"0.025",是指形状公差值,它是被测要素相对于理想要素所允许的变动全量。即 V 形导轨两斜面相交的棱线的直线度误差应限定在间距等于 0.025mm 的两水平平行平面之间。

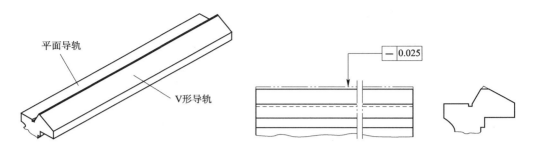

平面导轨

V形导轨

— 0.025

图 2-17　V形导轨的直线度公差

注意

（1）形状公差的被测要素为单一要素。

（2）形状公差带的方向和位置都是浮动的。

三、用合像水平仪测量导轨的直线度

1. 认识合像水平仪及桥板

合像水平仪是一种用来测量微小角度的量仪,合像水平仪的结构如图 2-18 所示,其主要结构有底板、棱镜、目镜、微分筒和大刻度视窗等。在机械制造中,常用合像水平仪来测量零件的形状和位置误差。

桥板的形状如图 2-19 所示,其下方的 V 形槽与车床 V 形导轨接触,其上方的平面放置合像水平仪。

图 2-18　合像水平仪的结构图

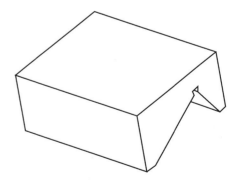

图 2-19　桥板

2. 导轨直线度的测量

根据桥板的长度在被测要素上分出若干个首尾相接等间距的节距点,将放置合像水平仪的桥板放在某相邻的两节距点上,如图 2-20 所示。合像水平仪模拟的理想要素是水平直线,通过水平仪可以读出两节距点连线与水平直线之间的微小角度应为被测要素有直线度误差,所以不同 的测量部位角度的读数就会发生相应的变化。通过对逐个节距的测量和读数,然后用作图或计算的方法,即可求出被测要素的直线度误差值。具体操作步骤如下:

（1）将导轨大体调整至水平位置。

（2）根据桥板长度确定导轨节距200mm。

（3）将合像水平仪放于桥板最左端,使微分筒在操作者的右手方向。

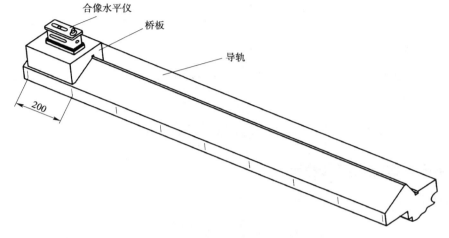

图2-20　导轨测量示意图

（4）桥板依次沿一个方向放在各节距点位置,每放一个节距后,旋转微分筒,使目镜中的两半像重合。如图2-21所示。然后在侧面大刻度视窗中读取百位数,在微分筒读取十位和个位数。

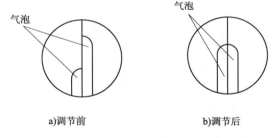

a)调节前　　　　　　　　　　b)调节后

图2-21　气泡合像示意图

 注意

①移动桥板时,首尾相接。

②调节合像时,气泡稳定后方可读数。

③测量前,做好量具和导轨被测表面清洁工作。

（5）将测得数据填入表2-8中。

测量数据及处理　　　　　　　　　　　　　　表2-8

节距序号	一	二	三	四	五	六	七	八
测得数值（格）	32	33	33	30	28	28	30	29
相对值（格）	+2	+3	+3	0	-2	-2	0	-1
累积值（格）	+2	+5	+8	+8	+6	+4	+4	+3

（6）判断零件直线度误差是否合格 。

只要计算出的 V 形导轨的两斜面相交的棱线的直线度误差值≤0.025mm，就表明其直线度符合图样要求。根据计算，所测得的棱线的直线度误差为 0.01375mm，符合图样上标注的直线度公差要求，被测导轨直线度误差合格。

💡注意

测量直线度误差的方法有很多，除了利用合像水平仪外，还可以利用间隙法进行测量，也可以用刀口尺进行测量。

模块 3-2　解读并检测零件的平面度

一、平面度概念及其公差带

平面度是指单一实际平面所允许的变动全量，其公差带含义和标注见表 2-9。

公差带含义和标注如　　　　　　　　　　　　　　　　　　　　表 2-9

项　　目	功　用	公差带的含义	示　　例
平面度公差	用来限制被测实际平面的形状误差	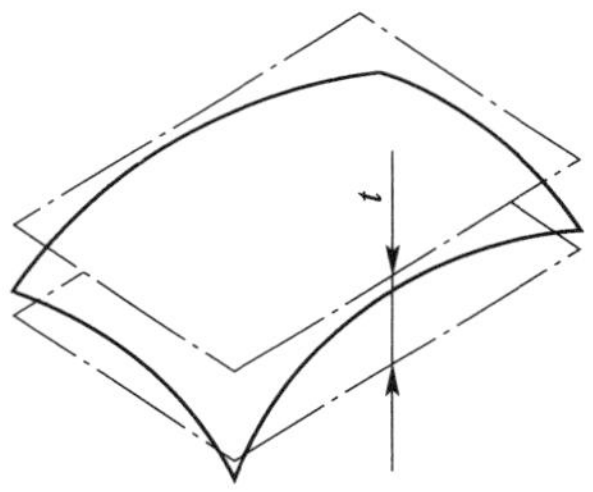 公差带是距离为公差值 t 的两平行平面之间的区域	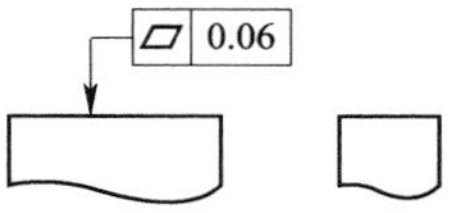 被测表面必须位于距离为公差值 0.06mm 的两平行平面之间

二、解读小平板的平面度公差

直线度公差不能用来限制长、宽尺寸都较大的平面的误差，限制其误差需要用平面度公差，小平板工作平面的平面度公差要求如图 2-22 所示。

1. 认识平面度公差框格

图 2-22 中的 ▱ 0.025 表示零件的平面度要求，"▱"是平面度的符号，指引箭头指向被测要素是工作台的工作平面。

2. 分析平面度公差带

框格中的"0.025"是平面度公差值，即实际被测平面的平面度误差应限定在间距等于 0.025mm 的两平行平面之间。

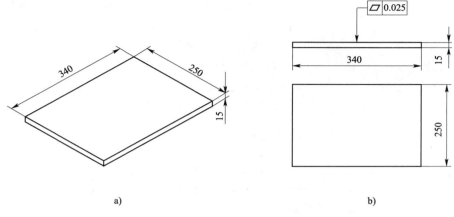

图 2-22 小平板的平面度误差

三、准备工具和量具

1. 认识千分表

分度值有 0.001mm、0.002mm 和 0.005mm 三种,测量范围有 0 ~ 1mm、0 ~ 2mm、0 ~ 3mm 和 0 ~ 5mm 四种。

1)千分表的结构

千分表的结构如图 2-23 所示。

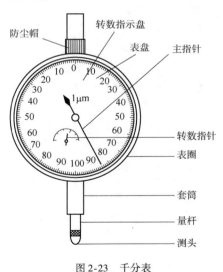

图 2-23 千分表

2)读数方法和步骤

(1)主指针的含义。

分度值为 0.001mm 的千分表主指针每转一格为 0.001mm。

(2)转数指针的含义。转数指针走一格,主指针转一圈,为 0.2mm;从转数指针走的格数可以读出测量过程中主指针转的圈数。

（3）读数 。视线垂直于表盘,从表盘正面读出测量过程中转数指针和主指针的始末位置,用末位置读数减去起始位置读数,即可得到测量值。读数时,如果针位停在刻线之间,可以估读。如:主指针可以估读到小数点后第四位。

图 2-24　检测平板

2.认识检测平板

检测平板在测量时作为基座使用,在工作表面作为测量的基准平面,如图 2-24 所示。检测平板要求有足够的精度和刚度稳定性,常用的检测平板有铸铁平板和岩石平板。

四、检测小平板上表面的平面度误差

在实际中常用三远点法测量平面度误差,其原理是通过被测实际表面上相距最远且不在同一直线上的三点建立一个基准平面,各测点对此基准平面的偏差中最大值与最小值之差即为平面度误差,具体测量步骤如下。

1.选择工具和量具

选择分度值为 0.001 mm、测量范围为 0 ~ 1mm 的千分尺一把,选择检验平板 1 块,选择可调支撑 3 个,百分表及表架 1 套。

2.布置测量点

根据小平板的尺寸大小,在小平板工作表面上,按图 2-25 所示的方法布置 24 个测量点。

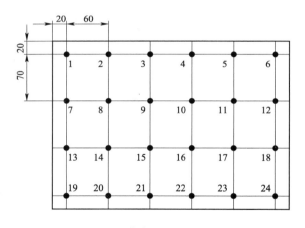

图 2-25　工作台测量点分布示意图

3.安装支撑

将小平板的工作表面朝上,在检测平板上放三个可调支撑,将小平板撑起。为使三个支撑上的位置为小平板上相距最远的三个点,将三个可调支撑分别放置于测量点 3 与 4 的中点的下方和测量点 19、测量点 24 的下方,如图 2-26 所示。

4.建立基准平面

将千分表安装在表架上,使测杆垂直于工作台被测表面,调节可调支撑使测点 3 和 4 的中间点和测点 19、24 到检测平板的距离一致,如图 2-27 所示。

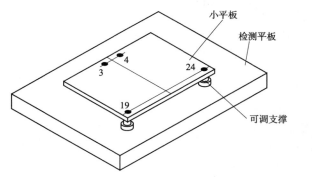

图 2-26　小平板支撑的示意图　　　　　　　图 2-27　小平板基准平面找正示意图

5. 测量并记录数据

　　将千分表调零,按布点位置逐一测量各点相对于基准平面的误差值,并记录各示值,填入表 2-10 中。

表 2-10

各测点千分表读数值(mm)

测量点序号	1	2	3	4	5	6
千分表示值	− 0.012	− 0.007	0	0	− 0.005	− 0.01
测量点序号	7	8	9	10	11	12
千分表示值	− 0.01	− 0.005	+ 0.006	+ 0.003	0	− 0.015
测量点序号	13	14	15	16	17	18
千分表示值	− 0.005	+ 0.002	+ 0.005	− 0.005	− 0.01	− 0.01
测量点序号	19	20	21	22	23	24
千分表示值	0	+ 0.004	+ 0.003	0	+ 0.002	0

6. 处理数据,判断零件是否合格

　　最大与最小值的差值即为平面度误差,所以零件的平面度误差为:

$$f = f_{max} - f_{min} = + 0.006 - (- 0.015) = 0.021 (mm)$$

式中:f——平面度误差,mm;

　　　f_{max}——最大读数值,mm;

　　　f_{min}——最小读数值,mm。

　　通过计算可知,该小平板上工作平面的平面度误差值为 0.021mm,由于该数值小于平面度公差要求 0.025mm,所以该小平板工作平面的平面度误差合格。

注意

　(1)用三远点法处理平面度误差时,测量精度与三基准点和布点密集程度有直接关系。

　(2)用三远点法测量出的平面度误差值会稍大于实际误差值。

<h2 align="center">模块 3-3　解读并检测零件的圆度</h2>

一、圆度概念及其公差带

　　圆度公差是指单一实际圆所允许的变动全量。其公差带含义及标注见表 2-11。

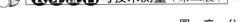

圆 度 公 差　　　　　　　　　　表 2-11

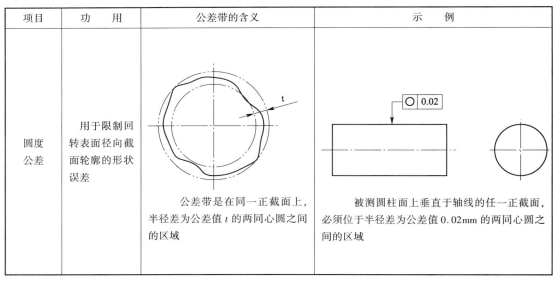

项目	功　用	公差带的含义	示　例
圆度公差	用于限制回转表面径向截面轮廓的形状误差	公差带是在同一正截面上，半径为公差值 *t* 的两同心圆之间的区域	被测圆柱面上垂直于轴线的任一正截面，必须位于半径差为公差值 0.02mm 的两同心圆之间的区域

二、解读薄壁套的圆度公差

薄壁零件在加工过程中，因夹紧力或切削力等因素的作用，薄壁圆柱面会产生变形。本例所示薄壁套的圆度公差要求如图 2-28 所示。

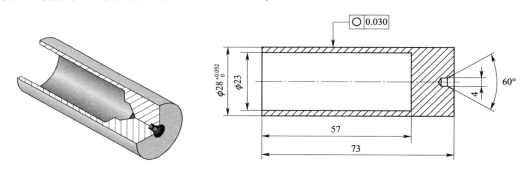

图 2-28　薄壁套的圆度公差要求

1. 认识圆度公差框格

图 2-28 中的 $\boxed{\bigcirc\ 0.030}$ 表示零件的圆度要求，"○"是圆度符号。指引线箭头指向被测要素圆柱最外素线，与圆柱最外素线垂直。

2. 分析圆度公差带

框格中的"0.030"是圆度公差值，即在圆柱面的任一横截面内，实际圆周应限定在半径差为 0.030mm 两个同心圆之间。

三、用三点法检测薄壁套的圆度误差

1. 准备工具和量具

准备检测平板一块、90°V 形架一个、方箱一个、百分表及表架一套、$S\phi 1$mm 钢球一个。

2. 测量前的准备工作

（1）将待测零件、90°V形架、检测平板清理干净，将零件放在V形架上，如图2-29所示。

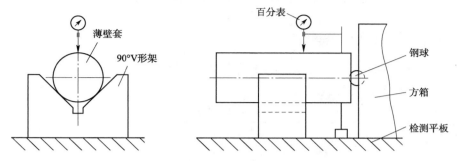

图2-29　三点法检测圆度误差

（2）用手轻轻推压百分表的测头，检查测杆和指针动作是否灵敏。

（3）将百分表安装到架上，调整百分表的高度，使百分表与被测要素接触良好。

（4）调整百分表的位置，使百分表测量杆垂直于零件轴线。

（5）将百分表校零。

（6）为了保证在同一截面上测量，以钢球及方箱作轴向定位。

在这种测量方法中，V形架的两侧面、百分表的测量触头等三个点与被测圆接触，测量这三个点的位置变化作为直径的变化，称为三点法。

3. 测量并记录数据

（1）使被测零件旋转一周，记录测得的最大值和最小值，填入表2-12。

（2）均匀测量若干个截面，并记录每个截面的数据。

（3）计算差值Δ。差值Δ为百分表测得的最大读数值与最小读数值之差，即：

$$\Delta = f_{max} - f_{min}$$

式中：Δ——差值，mm；

f_{max}——百分表最大读数值，mm；

f_{min}——百分表最小读数值，mm。

计算各个测量截面的差值，填入表2-12。

薄壁套圆度测量数据及处理（mm）　　　　　　表2-12

测量次数	1	2	3	4	5	6
最大读数值 f_{max}	+0.035	+0.035	+0.033	+0.030	+0.035	+0.025
最小读数值 f_{min}	-0.025	-0.023	-0.020	-0.020	-0.020	-0.005
差值 Δ	0.060	0.058	0.053	0.050	0.055	0.030

4. 处理数据，计算圆度误差，判断零件是否合格

在工件回转一周过程中，指示表读数的最大差值的一半即为该截面的圆度误差。从表2-12中可以看出，测量的6个截面中第1个截面的读数差值最大，差值 $\Delta_{max} = 0.060$，则圆度误差f为：

$$f = \Delta_{max}/2 = 0.060/2 = 0.030 \text{mm}$$

实际圆度误差(0.030mm)等于圆度公差(0.030mm),所以薄壁套圆度误差合格。

模块 3-4　解读并检测零件的圆柱度

一、圆柱度概念及其公差带

圆柱度是指单一实际圆柱所允许的变动全量,圆柱度公差用于控制圆柱表面的形状误差。其公差带标注及含义,见表2-13。

圆 柱 度 公 差　　　　　　　　　　　表 2-13

项　　目	功　　用	公差带的含义	示　　例
圆柱度公差	用于限制圆柱面的形状误差	公差带是半径差为公差值 t 的两同轴圆柱面之间的区域	被测圆柱面必须位于半径差为公差值 0.02mm 的两同轴圆柱面之间

二、解读细长轴的圆柱度公差

要限制圆柱面的误差,必须同时限制圆柱面的径向和轴向误差,即采用圆柱度公差限制,如图2-30所示。

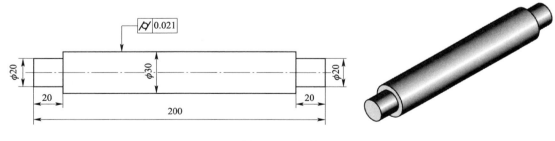

图 2-30　细长轴

1. 认识圆柱度公差框格

图2-30中 ⌭ 0.021 表示零件的圆柱度要求,"⌭"是圆柱度公差符号;指引箭头指向的被测要素是圆柱面的最外素线,并与圆柱面最外素线垂直。

2. 分析圆柱度公差带

框格中的"0.021"是圆柱度公差值,即实际圆柱面应限定在半径差为0.021mm的两个同轴圆柱面之间。

三、测量细长轴的圆柱度误差

圆柱度误差可以采用圆度仪、三坐标测量仪测量,也可以用百分表、检验平板和方箱测量,如图2-31所示,具体测量步骤如下。

(1)准备工具和量具。

准备检验平板一块、方箱一个、百分表及表架一套。

方箱用于检验工件的辅助量具,也可以在平台测量中作为标准直角使用,其性能稳定,精度可靠。其有六个工作面,其中一个工作面上有V形槽。方箱一般在检测平板上使用,起支承被检测工件的作用,可以单独使用,也可以成对使用。其应用如图所示,将工件一面紧靠在方箱上并垂直于检验平板的工作面上,检验孔轴线相对于基准面的垂直度误差,如图2-32所示。

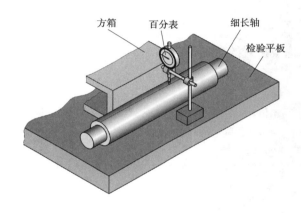

图2-31 细长轴圆柱度的检测

图2-32 方箱

(2)将方箱放在平板上,将细长轴紧靠平板上的方箱放置。

(3)使百分表的测头与被测圆柱面接触,并保证始终与最高素线处接触。

(4)使细长轴紧贴方箱回转一周,并观察百分表指针的变化,取最大读数与最小读数差值的一半作为单个截面的圆柱度误差。

(5)按上述方法测量若干横截面,然后取所有截面误差的最大误差值作为该零件圆柱度误差。将细长轴的测量数据填入表2-14。

细长轴的数据测量及处理(mm) 表2-14

测量次数	1	2	3	4	5	6	7	8
最大读数值f_{max}	1.52	1.52	1.51	1.52	1.50	1.52	1.50	1.52
最大读数值f_{min}	1.50	1.49	1.49	1.48	1.47	1.48	1.48	1.50
差值Δ	0.02	0.03	0.02	0.04	0.03	0.04	0.02	0.02

（6）处理数据，判断零件是否合格。

从表 2-14 中可以看出，最大读数示值为 1.52，最小读数示值为 1.47，则在整个圆柱上的最大差值 $\Delta_{max} = f_{max} - f_{min} = 1.52 - 1.47 = 0.05$，所以该细长轴的圆柱度误差为：

$$f = \Delta_{max}/2 = 0.05/2 = 0.025$$

式中：f——圆柱度误差，mm

Δ——某截面测量最大、最小值之差，mm。

该细长轴的圆柱度误差为 0.025，大于公差值 0.021，因此该细长轴的圆柱度误差不合格。

模块 4　解读并检测零件的方向公差

方向公差是指被测要素对基准要素在方向上允许的变动全量。方向公差包括平行度、垂直度、倾斜度、线轮廓度、面轮廓度。

模块 4-1　解读并检测平行度

一、基准要素的概念

基准要素是指用来确定被测要素方向或位置的要素。

二、平行度概念及其公差带

平行度是限制被测要素（平面或直线）相对基准要素（平面或直线）在平行方向上变动全量的一项指标，用来控制被测要素相对于基准要素在平行方向偏离的程度，见表 2-15。

平 行 度 的 分 类　　　　　　　　　　表 2-15

项　目	功　用	公差带的含义	示　例
线对线平行度公差	用于限制被测直线相对于基准直线的平行度误差	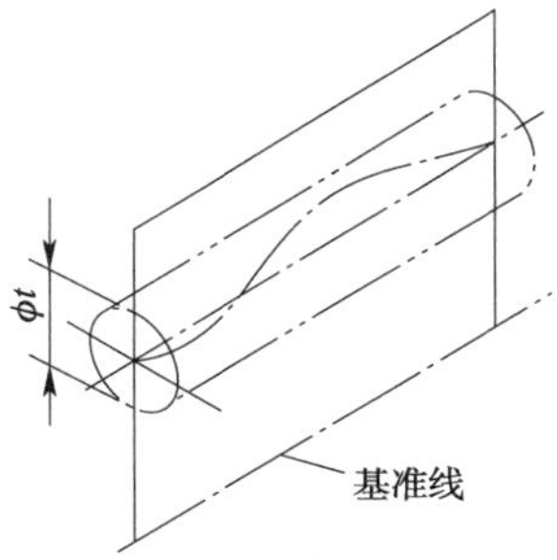 　若公差前加了符号 ϕ，公差带为平行于基准轴线且直径等于公差值 t 的圆柱面所限定的区域	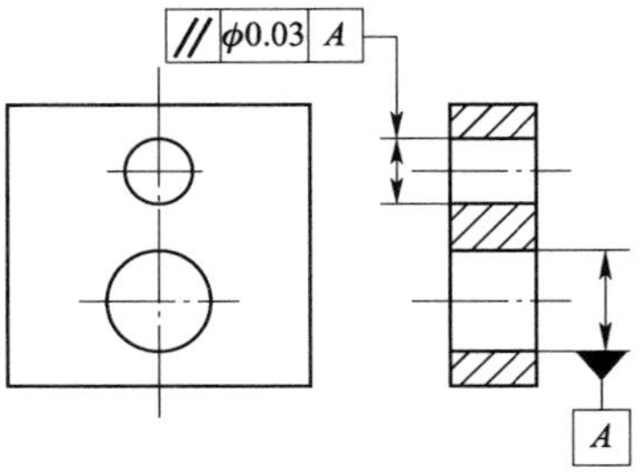 　被测孔的实际轴线应限定在平行于基准轴线 A 且直径等于 $\phi0.03$ 的圆柱面内

项 目	功 用	公 差 带 的 含 义	示 例
线对面平行度公差	用于限制被测直线相对于基准平面的平行度误差	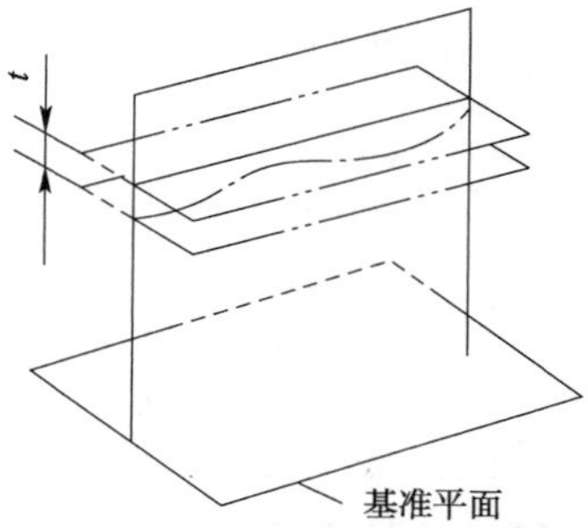 公差带为平行于基准平面且距离为公差值 t 的两平行平面所限定的区域	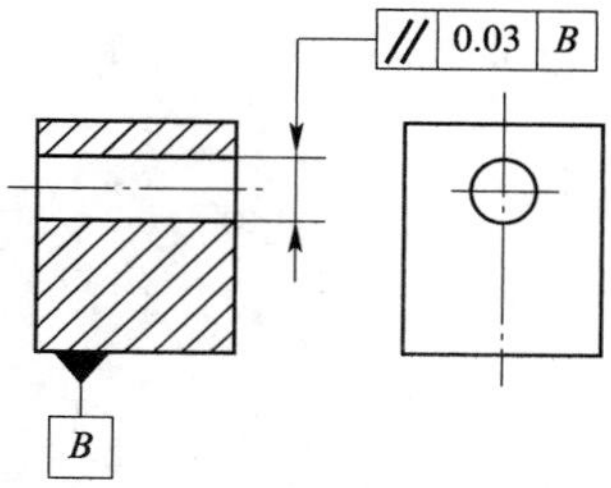 被测孔的实际轴线应限定在平行于基准平面 B 且间距等于0.03的两平行平面内
面对线平行度公差	用于限制被测平面相对于基准直线的平行度误差	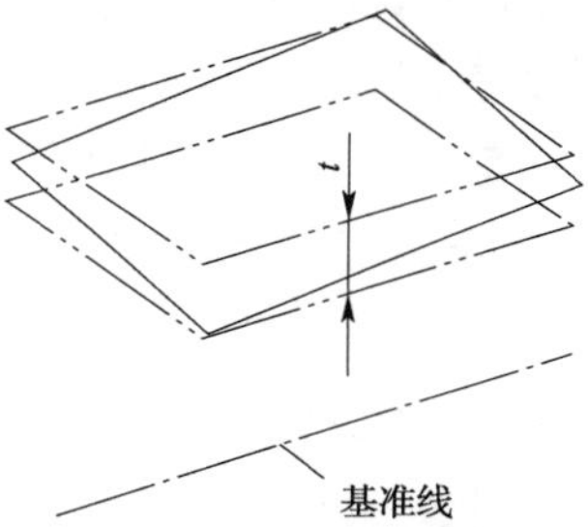 公差带为间距为公差值 t 且平行于基准线的两平行平面所限定的区域	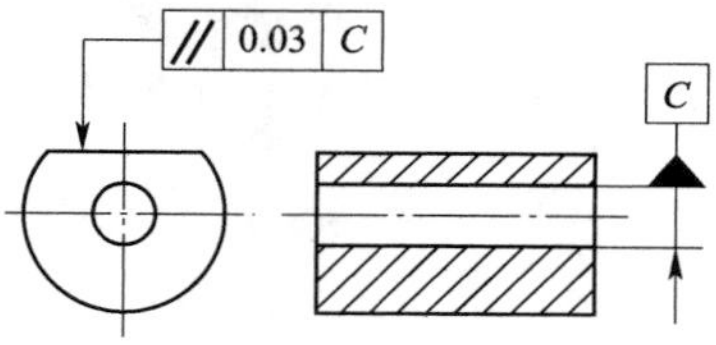 实际表面应限定在间距等于0.03mm 且平行于基准轴线 C 的两平行平面之间
面对面平行度公差	用于限制被测平面相对于基准平面的平行度误差	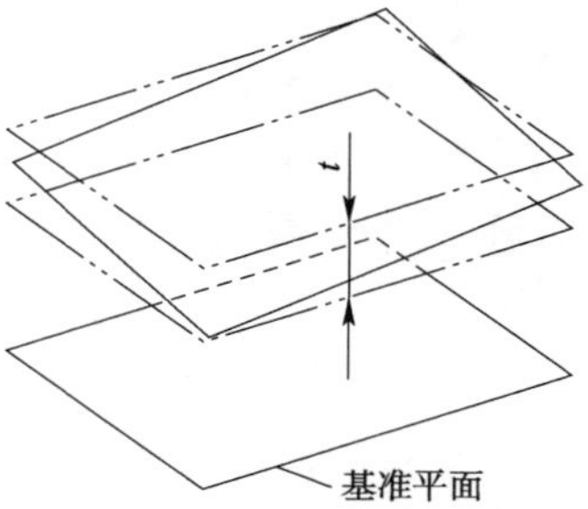 公差带为间距为公差值 t 且平行于基准平面的两平行平面所限定的区域	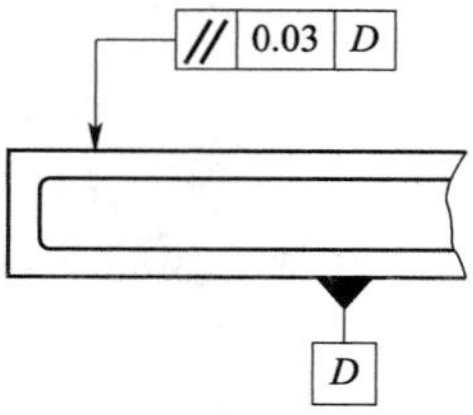 实际表面应限定在间距等于0.03mm 且平行于基准平面 D 的两平行平面之间

三、解读车床导轨的平行度公差

在车床上,要想保证平面导轨与 V 形导轨的棱线平行,应使平面导轨的平面限制在两个平行平面之间,且该两个平行平面要与 V 形导轨的棱线平行,如图2-33所示。

1. 认识平行度公差框格

图 2-33 中，// 0.02 A 表示零件的平行度公差要求。框格中的"//"是指方向公差中的平行度。在几何公差中，方向、位置和跳动公差都与基准要素有关系，在其几何公差框格中的第三格都要标注符号的字母。该平行度的被测要素为平面导轨的平面。

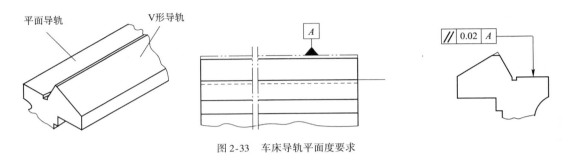

图 2-33　车床导轨平面度要求

2. 分析平行度公差带

图 2-34 所标注的平行度为面对线的平行度要求。框格中的"0.02"是平行度公差值（公差带的大小），是被测要素所允许的变动范围。即平面导轨的水平面应限定在间距等于 0.02mm 的两水平平行平面之间。

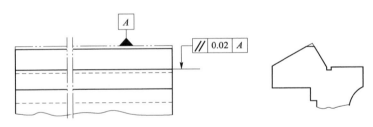

图 2-34　面对线平行度公差示例

四、用百分表检测导轨的平行度

用与 V 形导轨相研合的桥板模拟测量基准，使百分表测头直接与被测平面导轨接触，移动桥板并带动百分表在被测面上进行测量，百分表指针的最大摆动范围就是该导轨的平行度误差，其测量步骤如下：

（1）准备工具和量具。准备桥板一块、百分表及表架一套。

（2）将导轨及垫铁清理干净，把百分表安装在磁力表架上。

（3）调整百分表，使测量杆与被测导轨面垂直，如图 2-35 所示。

💡 **注意**

调整百分表时，要压表 1～2 周。

（4）将百分表调零，慢而均匀地拖动垫铁，在导轨的全长上进行测量，并记录最大和最小示值。由于导轨的平面较窄，可以在三条线上进行测量即可，测量线的分布情况如图 2-36 所示。

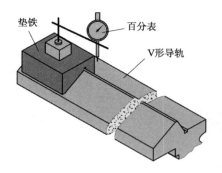

图 2-35　导轨平行度测量示意图　　　　图 2-36　导轨测量线分布示意图

（5）将测得数据填入表 2-16 中。

测量数据及处理（mm）　　　　　　　　　　　　表 2-16

测量线序号	百分表最小示值	百分表最大示值	测量线的平行度误差	平面导轨的平行度误差
1	0	+0.01	0.010	0.015
2	−0.003	+0.012	0.015	
3	−0.005	+0.008	0.013	

（6）处理数据，判断零件是否合格。

每条测量线的最大示值与最小示值之差，为该测量线的平行度误差。在所有测得的示值中，最大示值与最小示值之差，为该零件（平面导轨）的平行度误差，见表 2-16。

经测量与计算，平面导轨相对于 V 形导轨的平面度误差为 0.015mm，小于图样中所标注的平面度公差要求（0.02mm），所以该平面导轨的平行度误差合格。

模块 4-2　解读并检测零件的垂直度

一、垂直度概念及其公差带

垂直度的功用及公差带的含义，见表 2-17。

垂　直　度　　　　　　　　　　　　　　　　表 2-17

项　目	功　用	公差带的含义	示　例
线对线垂直度公差	用于限制被测直线相对于基准直线的垂直度误差	基准线 公差带为间距等于公差值 t 且垂直于基准轴线的两平行平面所限定的区域	⊥ 0.06 A A 被测孔的实际轴线应限定在间距等于公差值 0.06mm 且垂直于基准轴线 A 的两平行平面之内

项　目	功　用	公差带的含义	示　例
线对面垂直度公差	用于限制被测直线相对于基准平面的垂直度误差	若公差值前加注符号 φ，公差带为直径等于公差值 φt 且轴线垂直于基准平面的圆柱面所限定的区域	被测圆柱的实际轴线应限定在直径等于 0.01mm 且垂直于基准平面 A 圆柱面内
面对线垂直度公差	用于限制被测平面相对于基准直线的垂直度误差	公差带为间距等于公差值 t 且垂直于基准轴线的两平行平面所限定的区域	实际表面应限定在间距等于 0.05mm 且垂直于基准轴线 A 的两平行平面之间
面对面垂直度公差	用于限制被测平面相对于基准平面的垂直度误差	公差带为间距等于公差值 t 且垂直于基准平面的两平行平面所限定的区域	实际表面应限定在间距等于 0.08mm 且垂直于基准平面 A 的两平行平面之间

二、解读定位块的垂直度公差

要想使定位块的侧面和底面保持垂直,应使定位块的侧面限制在两个平行平面之间,且该两个平行平面要与定位块的底面垂直(图 2-37)。

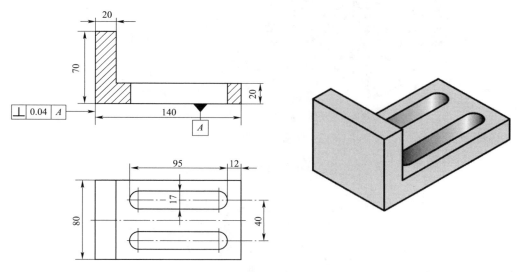

图 2-37 定位块的垂直度要求

1. 认识垂直度公差框格

图 2-37 中的几何公差框格 ⊥ 0.04 A 表示垂直度公差要求,其指引线箭头指向的被测要素是零件的左端面。

2. 分析垂直度公差带

图 2-37 所标注的垂直度为面对面的垂直度要求。框格中的"0.04"是垂直度公差值,它是被测要素相对于基准要素在垂直方向上允许的变动全量,即被测定位块左侧面的垂直度误差应限定在间距等于 0.04mm 且垂直于基准平面 A 两平行平面之间。

3. 分析基准

基准 A 指的是定位块的底面。

三、用百分表测量定位块的垂直度误差

(1)准备工具和量具。准备检验平板一个,方箱一个,螺栓、螺母和压板组件两套、百分表及表架一套。

(2)将定位块的基准面紧贴方箱垂直工作面,并用螺栓和压条将定位块预固定。用方箱的垂直工作面模拟基准平面,将工件被测表面相对于基准平面的垂直度误差测量,转换为该表面相对于检验平板工作面的平行度误差检测,并用百分表测量实际数值,如图 2-38 所示。

(3)调整定位块的被测表面。为了测量被测平面相对于检验平板的平行度误差,需要调整定位块被测表面相对于检验平板的位置,即被测表面相对于基准平面的部分最远距离的两个点(图 2-39 中的 1 和 5 点)相对于检验平板的高度相同。在此处,可利用百分表检测这两个点的高度,调整定位块,使百分表对这两个点的测得示值相同,然后夹紧定位块。

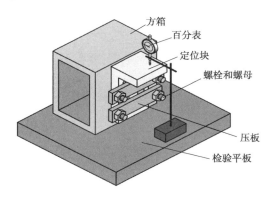

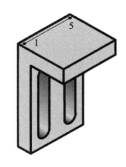

图 2-38 定位块垂直度的测量   图 2-39 调整定位块

(4)测量并记录数据。按照图 2-40 所示位置布置测量点,用百分表对各测量点进行检测,并记录数据,见表 2-18。

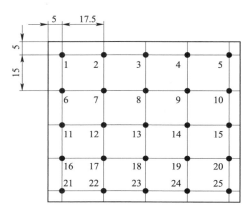

图 2-40 定位块被测表面测量点位置分布

定位块各测量点百分表读数值(mm)   表 2-18

测量点序号	1	2	3	4	5
百分表示值	− 0.01	− 0.02	0	0	− 0.01
测量点序号	6	7	8	9	10
百分表示值	− 0.02	− 0.01	+ 0.01	+ 0.01	0
测量点序号	11	12	13	14	15
百分表示值	− 0.01	+ 0.02	+ 0.01	− 0.01	− 0.01
测量点序号	16	17	18	19	20
百分表示值	+ 0.02	+ 0.01	0	0	− 0.01
测量点序号	21	22	23	24	25
百分表示值	0	+ 0.01	+ 0.01	0	− 0.01

(5)处理数据,判断零件是否合格。

在处理数据时,可以取百分表最大示值与最小示值之差作为垂直度误差值 f。

$$f = (+0.02) − (−0.02) = 0.04 (mm)$$

定位块被测平面相对于底面的垂直度误差值为 0.04mm,等于图样规定的公差值 0.04mm,所以该零件被测表面的垂直度合格。

模块 4-3 解读并检测零件的倾斜度

一、理论正确尺寸

理论正确尺寸是当给出一个或一组要素的方向、位置或轮廓度公差时,分别用来确定其理论正确方向、位置或轮廓的尺寸,理论正确尺寸仅表达设计时对该要素的理想要求,所以该公差尺寸不附带公差,而该要素的形状、方向和位置由给定的几何公差控制。

二、倾斜度概念及其公差带

倾斜度是指被测要素对基准要素倾斜某一给定角度(0°和90°除外)的方向上所允许的变动全量,用于控制被测要素相对于基准要素在方向上的变动。理想要素的方向由基准及在 0°~90°之间的任意角度的理论正确角度决定,倾斜度公差分为四种形式,其公差带含义和标注,如表 2-19。

倾 斜 度 公 差 表 2-19

项　　目	功　　用	公差带的含义	示　　例
线对线倾斜度公差	用于限制被测直线相对于基准直线的倾斜度误差	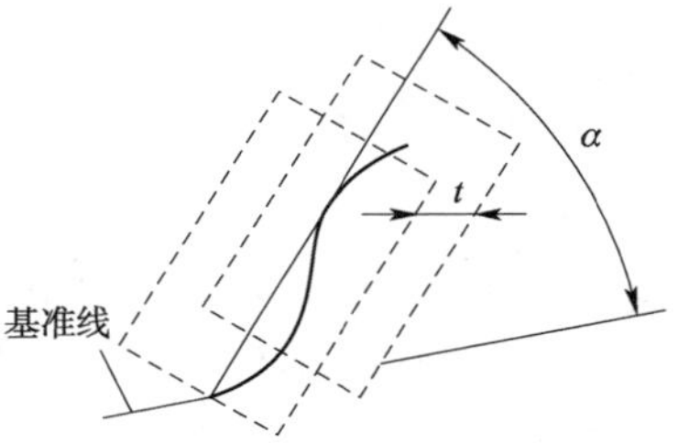 公差带为间距等于公差值 t 的两平行平面所限定的区域,该两平行平面按给定角度倾斜于基准轴线	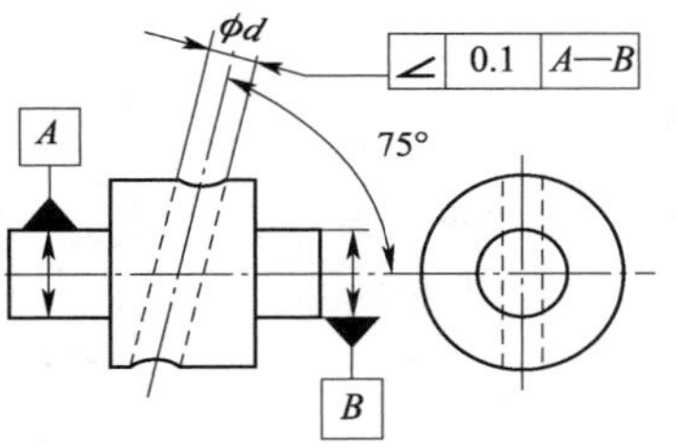 被测孔的实际轴线应限定在间距等于公差值 0.1mm 的两平行平面之间。该两平行平面按理论正确角度 75°倾斜于公共基准轴线 A—B
线对面倾斜度公差	用于限制被测直线相对于基准平面的倾斜度误差	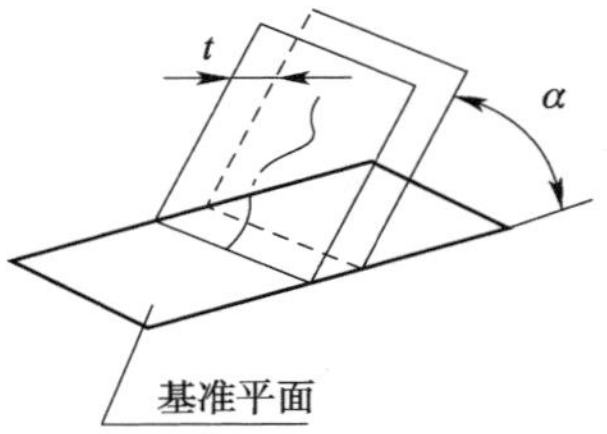 公差带为间距等于公差值 t 的两平行平面所限定的区域。该两平行平面按给定角度 α 倾斜于基准平面	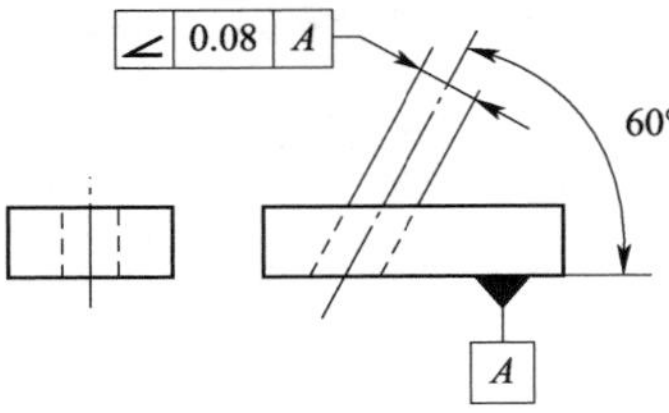 被测孔的实际轴线应限定在间距等于 0.08mm 的两平行平面之间。该两平行平面按理论正确角度 60°倾斜于基准平面 A

项　目	功　用	公差带的含义	示　例
面对线倾斜度公差	用于限制被测平面相对于基准直线的倾斜度误差	公差带是距离为公差值 t，且与基准线成一给定角度 α 的两平行平面之间的区域	被测表面必须位于公差值 0.06mm，且与基准线 A（基准轴线）成理论正确角度 60°的两平行平面之间
面对面倾斜度公差	用于限制被测平面相对于基准平面的倾斜度误差	公差带为间距等于公差值 t 的两平行平面所限定的区域。该两平行平面按给定角度 α 倾斜于基准平面	实际表面应限定在间距等于 0.08mm 的两平行平面之间。该两平行平面按理论正确角度 45°倾斜于基准平面 A

三、解读楔铁的倾斜度公差

如图 2-41 所示，要想使楔铁的斜面与底面保持 12°的夹角，应使楔铁的斜面限制在两个平行平面之间，且该两个平行平面与楔铁的底面夹角是 12°。

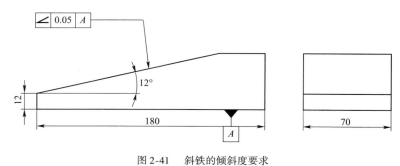

图 2-41　斜铁的倾斜度要求

1. 认识倾斜度公差框格

图 2-41 中的几何公差框格 ∠ 0.05 A 表示倾斜度公差要求,其指引线箭头指向的被测要素是斜铁的倾斜面。

2. 分析倾斜度公差带

图 2-41 所标注的倾斜度为面对面的倾斜度公差要求。框格中的"0.05"为倾斜度公差值,它是被测要素相对于基准要素在方向上允许的变动全量,即被测斜铁的倾斜面误差应限定在间距等于 0.05mm 的两平行平面之间,即该平行平面与基准平面之间的理论正确角度为 12°。

3. 分析基准

基准 A 指的是楔铁底面。

四、测量楔铁的倾斜度误差

(1)准备工具和量具 。

①了解正弦规。正弦规是用于准确检验零件及测量角度和锥度的量具。它是利用三角函数的正弦关系来度量的,故称正弦规,如图 2-42 所示。

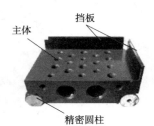

图 2-42 正弦规

正弦规的两个精密圆柱的中心距的精度很高,窄型正弦规的中心距 200mm 的误差不大于 0.003mm;宽型的不大于 0.005mm。同时,主体上工作平面的平直度,以及它与两个圆柱之间的相互位置精度都很高,因此可以用于精密测量,也可作为机床上加工带角度零件的精密定位用。利用正弦规测量角度和锥度时,测量精度可达 ±3" ~ ±1",但适宜测量小于 45° 的角度。

②选择工具和量具。准备规格为 200mm×80mm 正弦规一台、量块一套、百分表及表架一套。

(2)把正弦规和工件擦拭干净,将正弦规放在检验平板上,将斜铁放置在正弦规的工作表面上,如图 2-43 所示。

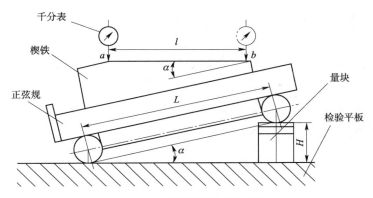

图 2-43 正弦规测量斜度示意图

(3)计算量块高度。正弦规是根据正弦函数的原理,利用量块垫起一端,使之倾斜一定角度进行工件检验定位的一种量具。由于正弦规工作面的下方固定两个直径相等且相互平

行的圆柱体,且圆柱体的公切面与正弦规主体的上工作面平行。即:

$$\sin\alpha = \frac{H}{L}$$

式中: α——斜面的倾斜角;

  H——量块组尺寸,mm;

  L——正弦规两圆柱的中心距,mm。

  因此量块组的尺寸为:

$$H = L\sin\alpha = 200 \times \sin12° = 200 \times 0.20791 = 41.582(\text{mm})$$

  (4)放置量块。在正弦规的一侧按照计算的量块的高度放置量块,使正弦规工作平面的倾斜角 $\alpha = 12°$。将工件放在正弦规的工作表面,将被测斜铁的斜面相对零件底面的倾斜度误差,转换为对检验平板的平行度误差。

  (5)调整工件。调整斜铁,使百分表沿纵向(图2-43的前后方向)相距最远的两个点(图2-44中的1和22点)测得的示值相同,即使这两个点至检验平板的高度距离相等。

  按照图2-44所示,用百分表对实际被测表面各点逐点依次进行测量,并记录数据,见表2-20。

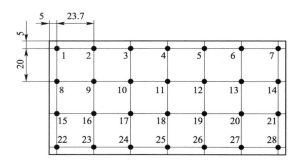

图2-44　测量点的分布图

斜铁各测量点百分表读数值(mm)　　　　　　　　　　　　　　　　　　　　表2-20

测量点序号	1	2	3	4	5	6	7
百分表示值	-0.02	-0.02	-0.01	0	-0.01	+0.01	+0.02
测量点序号	8	9	10	11	12	13	14
百分表示值	-0.02	-0.01	-0.01	0	0	+0.01	+0.01
测量点序号	15	16	17	18	19	20	21
百分表示值	-0.01	-0.01	+0.01	-0.01	-0.01	+0.02	+0.02
测量点序号	22	23	24	25	26	27	28
百分表示值	-0.02	0	+0.01	+0.01	0	-0.01	+0.01

  (6)处理数据,判断零件是否合格。取各测点示值中的最大值与最小值之差作为误差值 f。即:

$$f = (+0.02) - (-0.02) = 0.04(\text{mm})$$

  斜铁被测斜面相对于底面的倾斜度误差值为0.04mm,小于图样上要求的公差值0.05mm,所以该零件被测表面的倾斜度合格。

模块 5 解读并检测零件的位置公差

位置公差是指单一实际要素的形状所允许的变动全量。包括同轴度、对称度、位置度、线轮廓度、面轮廓度。

模块 5-1 解读并检测零件的同轴度

一、同轴度概念及其公差带

同轴度公差是指被测要素(轴线)对基准要素(轴线)的允许变动全量,它是限制被测轴线相对于基准轴线同轴的一项指标。同轴度公差带含义和标注,见表 2-21 所示。

同轴度公差带含义和标注 表 2-21

项 目	功 用	公差带的含义	示 例
轴线的同轴度	用来限制被测实际要素的轴线相对于基准要素的轴线的同轴度误差	公差带是直径为公差值 ϕt 的圆柱面内区域,该圆柱面的轴线与基准轴线同轴	被测零件的实际 $\phi50mm$ 轴线必须位于直径 $\phi0.25mm$ 且与基准轴线 A 同轴的圆柱内

二、解读台阶轴的同轴度公差

在图 2-45 中,中段 $\phi55mm$ 圆柱与两侧 $\phi32mm$ 圆柱的轴线同轴,应使 $\phi55mm$ 圆柱的轴线限定在一个与两侧 $\phi32mm$ 圆柱同轴的小圆柱体中。

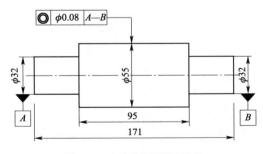

图 2-45 台阶轴的同轴度公差

1. 认识同轴度公差框格

图 2-45 中的 ⊚ $\phi0.08$ A—B 表示零件的同轴度要求,其指引线箭头与被测要素的尺寸线对齐,表示被测要素为 $\phi55mm$ 圆柱轴线。

2. 分析同轴度公差带

框格中的"$\phi0.08$"是同轴度公差值,它是被测要素相对于基准要素在位置上允许的变动全量。即被测 $\phi55\text{mm}$ 圆柱轴线位置误差应限定在直径等于 $\phi0.08\text{mm}$ 圆柱面内。

3. 分析基准

同轴度公差框格中的 $A—B$ 为基准要素,在两端与 $\phi32\text{mm}$ 圆柱的尺寸线对齐的位置分别绘制了基准 A 和基准 B 的基准符号,表示该同轴度的基准是两端 $\phi32\text{mm}$ 圆柱的公共轴线。

4. 准备工具和量具

准备百分表 2 只,表架一套,刃口状 V 形架两块,检验平板一块,方箱一块,轴端支撑一个。

三、测量台阶轴同轴度误差

1. 准备工作

以检验平板作为测量基准,将准备好的两个等高刃口状 V 形架放置在检验平板上,并调整两个 V 形架使 V 形槽的对称中心平面共面。将台阶轴放置在刃口状 V 形架上,并进行轴向定位。由于以两个 V 形架体现公共轴线,因此公共轴线平行于检验平板。在同一支架上安装两个百分表,使这两个百分表的测杆同轴且垂直于检验平板,如图 2-46 所示。

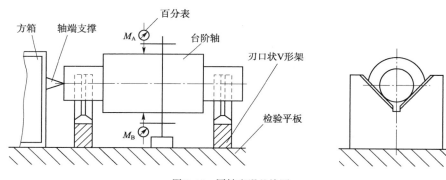

图 2-46　同轴度误差检测

2. 百分表调零

先将一个百分表(如上方的百分表)的测头与被测横截面的轮廓接触,记录该百分表的示值。然后,将被测台阶轴在 V 形架上旋转 $180°$,如果这时该百分表的示值与第一次的示值相同,则可将另一个百分表的测头与被测横截面的轮廓接触,并将两个百分表调零。此时上下两个百分表的测头相对于公共轴线 $A—B$ 对称,如图 2-47 所示。

如果工件在 V 形架上回转 $180°$ 后,百分表的示值与第一次记录的示值不同,则需要少许转动工件,直至使工件回转 $180°$ 时的百分表示值与第一次距离的示值相同为止。

💡**注意**

要尽量使百分表的测头与基准轴线在一个垂直平面内,否则测得的同轴度误差将会偏大。

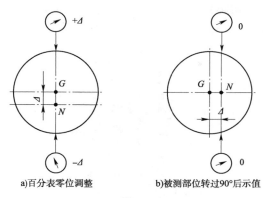

a)百分表零位调整   b)被测部位转过90°后示值

图2-47　测头位置调整和测量示值

N-公共基准轴线；G-被测横截面轮廓的中心；Δ-偏移量

3. 在横截面上测量同轴度误差

转动工件,在被测横截面轮廓的各点进行检测,每个测量位置上两个百分表的示值为 M_A 和 M_B,取各个测量位置上两个百分表的示值之差的绝对值 $|M_A - M_B|$ 中最大值,作为该截面轮廓中心 G 相对于公共基准轴线 $A—B$ 的同轴度误差。

按上述方法,测量几个横截面轮廓,将各截面的同轴度误差填入表2-22中。

处理数据及判断零件是否合格（mm）　　　　　　　表2-22

截面序号	1	2	3	4	5	结果	是否合格
$|M_A - M_B|$	0.03	0.05	0.04	0.05	0.06	0.06	合格

4. 处理数据,判断零件是否合格

取所有截面中最大同轴度误差作为该圆柱面的同轴度误差,见表2-22。分析表中数据可知,同轴度误差的最大值为 0.06mm,小于同轴度公差 0.08,所以该零件合格。

模块 5-2　解读并检测零件的对称度

一、对称度概念及其公差带

对称度公差是指被测要素(中心平面)的位置对基准要素(中心平面或轴线)的允许变动全量。是限制被测要素偏离基准要素的一项指标。对称度公差分为中心平面对中心平面和中心平面对轴线两种形式。对称度公差带含义和标注见表2-23。

对称度公差带含义和标注　　　　　　　　　　　　表2-23

项　目	功　用	公差带的含义	示　例
中心平面对中心平面	用来限制被测中心平面相对于基准中心平面的轴线的位置误差	公差带为间距等于公差值 t 且对称于基准中心平面的两平行平面所限定的区域	被测键槽的实际中心平面应限定在间距等于0.1mm且对称于公共基准中心平面 $A—B$ 的两平行平面之间

项　目	功　用	公差带的含义	示　例
中心平面对轴线	用来限制被测中心平面相对于基准中心轴线的位置误差	公差带为间距等于公差值 t 且对称于基准轴线（通过基准轴线的理想平面）的两平行平面所限定的区域	被测键槽的实际中心平面应限定在间距等于 0.05mm 且对称于基准轴线 A（通过基准轴线 A 的理想平面）的两平行平面之间

二、解读轴上键槽的对称度公差

图 2-48 中如果键槽出现偏离或倾斜，则无法安装齿轮，即使齿轮能勉强安装上，也会影响齿轮的传动精度。为此对该键槽提出了位置精度要求。

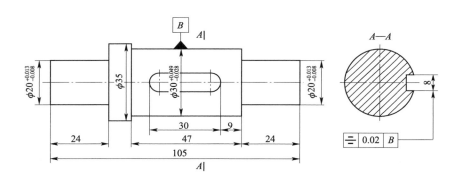

图 2-48　对称度公差

1. 认识对称度公差框格

图 2-48 中 =|0.02|B 表示零件的对称度要求，其指引线的箭头指向的被测要素为键槽的中心平面。

2. 分析对称度公差带

图 2-48 中所标注的对称度为中心平面对轴线的对称度要求。框格中的"0.02"为对称度公差值，它是被测要素相对基准要素在位置上允许的变动全量，即被测键槽的中心平面应限定在间距等于 0.02mm 的两平行平面之间。

3. 分析基准

基准 B 是基准符号与 $\phi 30$mm 的尺寸线对齐，表示基准为 $\phi 30$mm 的轴线。

三、用百分表测量台阶轴同轴度误差

1. 准备工具和量具

准备与键槽形状一致的测量块一块,百分表及表架一套,V形架一块,检验平板一块。

2. 测量前的准备工作

(1)将测量块装入零件的键槽中,要保证测量块不会松动,必要时应进行研合。

(2)被测零件放置在V形架上,如图2-49所示,以检验平板作为测量基准,用V形架模拟 $\phi 30$ 圆柱的轴线(基准),用测量块模拟被测键槽的中心平面。

3. 调整被测零件

将百分表的测头与测量块的顶面接触,沿测量块的某一横截面(垂直于被测圆柱轴线的平面)移动,稍微转动被测工件以调整测量块的位置,使百分表在这个测量面上移动时,百分表示值不变为止,使测量块沿径向(前后方向)与平板平行。

4. 测量

(1)用百分表测量1、2两点,测得示值 $M_1 = 0, M_2 = +0.02\text{mm}$。

(2)将轴在V形架上翻转180°,调整被测零件,再次使测量块沿径向与平板平行,然后测量1、2两点对应点1′、2′。测得示值 $M_1' = -0.01, M_2' = -0.02\text{mm}$。如图2-49所示。

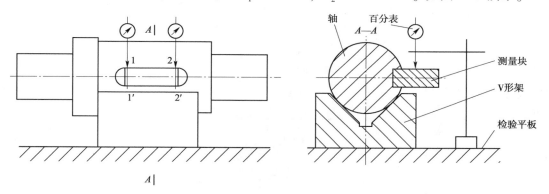

图2-49　对称度误差测量

5. 处理数据

(1)计算偏移量。两个测量截面上键槽实际测量中心平面相对于基准轴线的偏移量为:

$\Delta_1 = |M_1 - M_1'|/2 = |0 - (-0.01)|/2 = 0.005(\text{mm})$

$\Delta_2 = |M_2 - M_2'|/2 = |0.02 - (-0.02)|/2 = 0.02(\text{mm})$

(2)计算误差。对称度误差用下式进行计算:

$$f = \frac{d|f_1 - f_2| + 2tf_2}{d - t}$$

式中: f_1——偏移量中的大者,mm;

　　　　f_2——偏移量中的小者,mm;

　　　　d——轴的直径,mm;

　　　　t——键槽深度,mm。

测量得到该轴端的直径 $d = 29.99\text{mm}$,键槽的深度为 $t = 4.06\text{mm}$。根据计算的偏移量可

得 $f_1 = 0.02\text{mm}$，$f_2 = 0.005\text{mm}$。则该键槽的对称度误差为：

$$f = \frac{d(f_1 - f_2) + 2tf_2}{d - t} = \frac{29.99(0.02 - 0.005) + 2 \times 4.06 \times 0.005}{29.99 - 4.06} \approx 0.0189(\text{mm})$$

6. 判断键槽对称度是否合格

键槽的对称度误差值为 0.0189mm，小于图样上标注的对称度公差 0.02mm，所以该键槽的对称度误差合格。

模块 5-3 解读并测量零件的位置度公差

一、位置度概念及其公差带

位置度公差是指被测要素所在的实际位置相对于由基准要素和理论正确尺寸所确定的理想位置所允许的变动全量。位置公差分为点的位置度公差、线的位置度公差和面的位置度公差，其公差带含义和标注见表 2-24。

位置度公差　　　　　　　　　　　　　　　　　　　　表 2-24

项　目	功　用	公差带的含义	示　例
点的位置度	用来限制被测点的实际位置相对于理想位置的变动	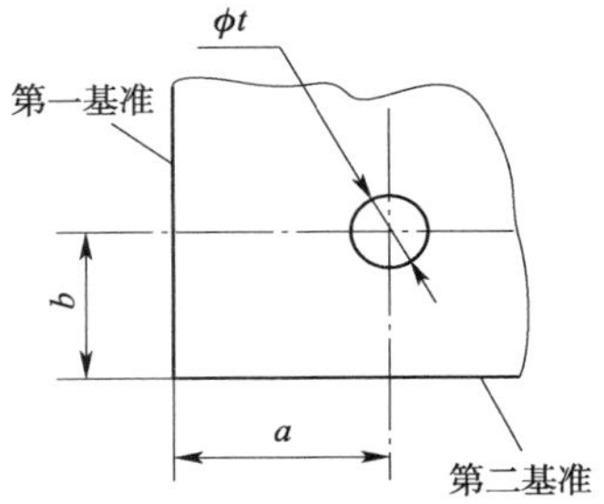 指直径为公差值 t（平面点）或 St（空间点），且以点的理想位置为中心的圆或球面内的区域	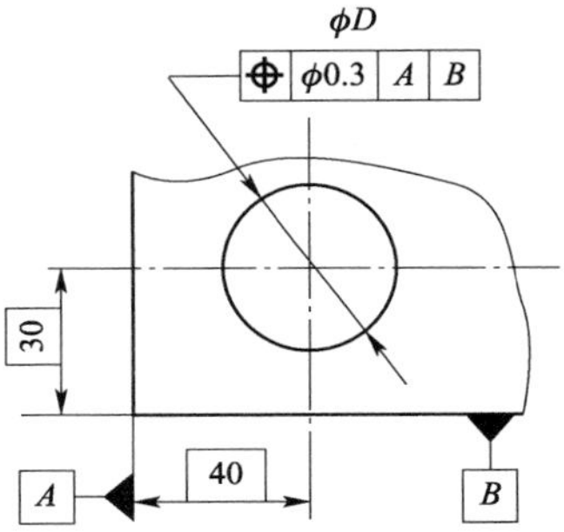 实际点必须位于直径为公差值 0.3 mm 且圆心在相对于基准 A、B 距离分别为理论正确尺寸 40 和 30 的理想位置上的圆内
线的位置度	用来限制被测线的实际位置相对于理想位置的变动	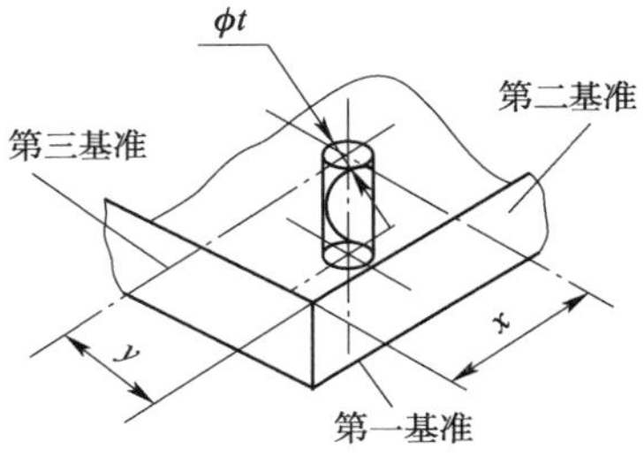 任意方向上的线的位置度公差带是直径为公差值 t，轴线在线的理想位置上的圆柱面内的区域	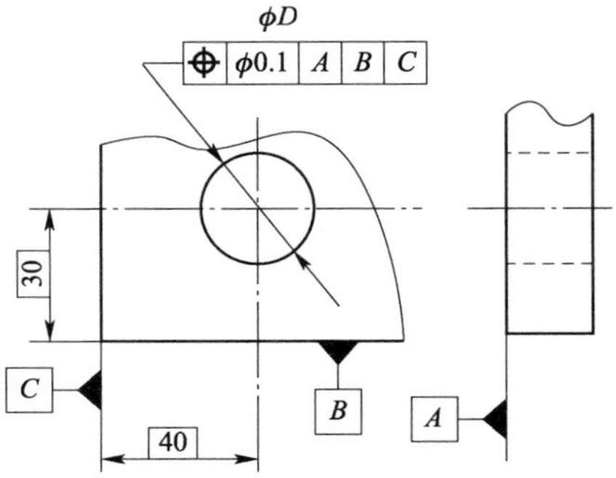 D 孔的实际轴线必须位于直径 $\phi0.1$，轴线位于由基准 A、B、C 和理论正确尺寸 40、30 所确定的理想位置的圆柱面区域内

项 目	功 用	公差带的含义	示 例
面的位置度	用来限制被测面的实际位置相对于理想位置的变动	公差带为间距等于公差值 t，且对称于被测面理论正确位置的两平行平面所限定的区域。面的理论正确位置由基准面、基准线和理论正确尺寸确定	被测实际表面应限定在间距等于0.05mm且对称于被测面的理论正确位置的两平行平面之间。该两平行平面对称于由基准轴线 A、基准平面 B 和理论正确尺寸45mm，75°确定的被测面的理论正确位置

二、解读钻模板的位置度公差

用尺寸公差可以限定圆心的位置精度，但是尺寸公差只能限制长度和宽度两个方向上的尺寸，要想限定图 2-50 中的四个小圆柱孔在空间中的位置，需要用到位置度。

1. 识读位置度公差框格

图 2-50 中 $\boxed{\oplus\ \phi0.1\ |A|B|C}$ 表示零件的位置度公差，在公差框格内除标注了位置公差符号"$\oplus$"和公差值"$\phi0.1$"外，还标注了基准 A、B、C 的基准符号。框格指引线的箭头指向的被测要素是 $4 \times \phi15$mm。

2. 分析位置度公差带

图 2-50 中，理论正确尺寸是确定被测要素理想位置的线形尺寸 20mm、56mm、18mm 和 28mm，这些尺寸不直接附带公差，标注尺寸时将尺寸数字写在方框中。

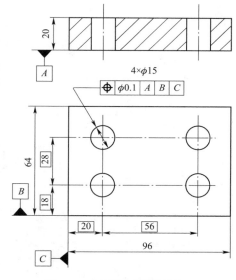

图 2-50 钻模板的位置度公差

位置度框格中的公差值为"$\phi0.1$"，它是被测要素相对于基准要素在位置上允许的变动全量，即被测 $\phi15$ 孔的轴线应限定在等于 $\phi0.1$mm 的圆柱体内，该圆柱面的轴线位置由基准平面 A、B、C 和理论正确尺寸 18mm、28mm、20mm 和 56mm 确定。

3. 分析基准

位置度公差框格中的 A、B、C 为基准要素，指的是模板的下面、前面和左面，它们和理论正确尺寸 18mm、28mm、20mm 和 56mm 一起用来确定被测要素的位置。

模块 5-4　解读并检测零件的线轮廓度

一、轮廓度概念及其公差带

轮廓度公差的被测要素是曲线或曲面,轮廓度公差分为线轮廓度公差和面轮廓度公差两种。线轮廓度公差和面轮廓度公差又各分为无基准要求的轮廓度和有基准要求的轮廓度,无基准要求的轮廓度为形状公差,有基准要求的轮廓度为方向或位置公差。轮廓度的公差带含义和标注见表 2-25。

轮　廓　度　公　差　　　　　　　　　　　　　　　　　表 2-25

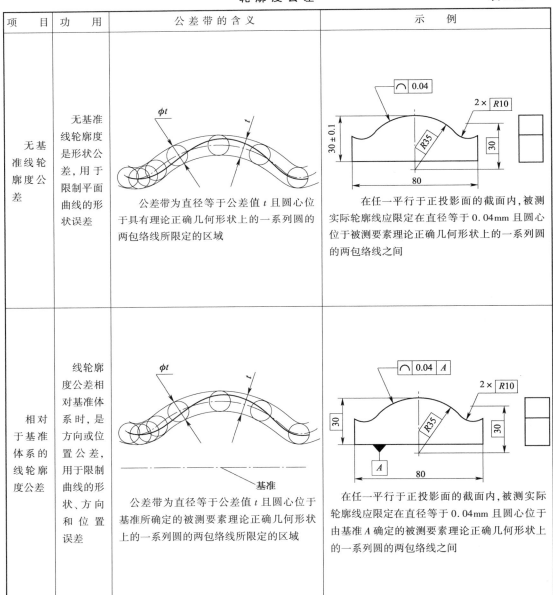

项　　　目	功　　用	公 差 带 的 含 义	示　　例
无基准线轮廓度公差	无基准线轮廓度是形状公差,用于限制平面曲线的形状误差	公差带为直径等于公差值 t 且圆心位于具有理论正确几何形状上的一系列圆的两包络线所限定的区域	在任一平行于正投影面的截面内,被测实际轮廓线应限定在直径等于 0.04mm 且圆心位于被测要素理论正确几何形状上的一系列圆的两包络线之间
相对于基准体系的线轮廓度公差	线轮廓度公差相对基准体系时,是方向或位置公差,用于限制曲线的形状、方向和位置误差	公差带为直径等于公差值 t 且圆心位于基准所确定的被测要素理论正确几何形状上的一系列圆的两包络线所限定的区域	在任一平行于正投影面的截面内,被测实际轮廓线应限定在直径等于 0.04mm 且圆心位于由基准 A 确定的被测要素理论正确几何形状上的一系列圆的两包络线之间

续上表

项 目	功 用	公差带的含义	示 例
无基准面轮廓度公差	无基准线轮廓度是形状公差,用于限制一般曲线的形状误差	$S\phi 0.02$ 理想轮廓面　公差带 公差带为直径等于公差值 t 且球心位于被测要素理论正确几何形状上的一系列圆的两包络线所限定的区域	⌓ 0.02 A A SR 被测实际轮廓面应限定在直径等于 0.02mm 且球心位于被测要素理论正确几何形状上的一系列圆的两包络线所限定的区域
相对于基准体系的面轮廓度公差	面轮廓度公差相对基准体系时,是方向或位置公差,用于限制曲线的形状、方向和位置误差	L 基准平面 公差带为直径等于公差值 t 且球心位于由基准平面 a 确定的被测要素理论正确几何形状上的一系列圆的两包络线所限定的区域	⌓ 0.1 A 40　SR50 A 被测实际轮廓面应限定在直径等于 0.1mm 且球心位于由基准平面 A 确定的被测要素理论正确几何形状上的一系列圆球的两等距包络面之间

二、解读移动凸轮的线轮廓度公差

图 2-51 所示移动凸轮的纵向较窄,可只限制其横向截面曲线轮廓的误差。在形状公差中用轮廓度控制非圆柱面公差,如图 2-52 所示。

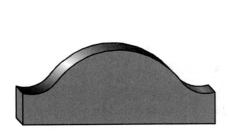

图 2-51　移动凸轮

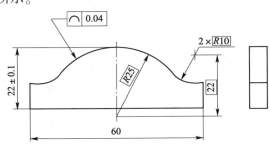

图 2-52　线轮廓度

1. 认识线轮廓度公差框格

图 2-52 中的 ⌒ 0.04 表示零件的无基准线轮廓度要求，"⌒"是线轮廓度的符号，指引线的箭头指向的被测要素是轮廓曲线，并与曲线的切线垂直，与尺寸线明显错开。

2. 分析线轮廓度公差带

"0.04"是线轮廓度公差值，即在任一平行于图 2-52 所示正投影的截面内，实际轮廓线应限定在直径等于 0.04mm、圆心位于被测要素理论正确几何形状上一系列圆的两包络线之间。被测要素的理论正确形状由理论正确尺寸 $R25$mm、$R10$mm 和 22mm 确定。

三、用对合式样板检测线轮廓度

对合式样板用于检测无基准的线轮廓度误差。零件所示的线轮廓度，可以采用对合式样板进行检测，对合式样板的轮廓形状为被测曲线的反形，所以样板轮廓曲线由下列理论正确尺寸确定：

大圆弧半径 = 25 + 0.04/2（工件线轮廓度公差的一半）= 25.02（mm）

小圆弧半径 = 10 − 0.04/2　= 9.98（mm）

圆心位置尺寸 = 229（mm）

样板线轮廓度公差取工件线轮廓度公差的 1/10，即 0.04/10 = 0.004（mm）。

样板工作面的宽度为 0.5 ~ 0.7mm，样板工作面应有一面或两面倒角，其倒角角度通常为 30°，如图 2-53 所示。

用线轮廓度样板检测工件的方法如图 2-54 所示。检测时，将样板按规定方向安放在被测工件上，使样板轮廓与工件轮廓对合，根据它们之间的法向间隙的大小来评定线轮廓度误差值。通常按照以下步骤来进行：

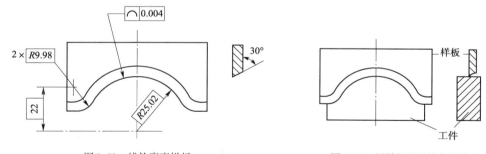

图 2-53　线轮廓度样板　　　　　图 2-54　用样板测量线轮廓度

（1）将样板轮廓与实际被测轮廓对合，应尽量使它们的正形和反形对应部分彼此充分对准。

（2）找出最大间隙部位。

（3）用厚度为 0.04mm 的塞尺检测其间隙。

（4）如果塞尺不能插入最大间隙部位，则可判定零件的线轮廓度合格，否则不合格。

模块 6　解读并检测零件的跳动公差

跳动公差是被测要素在无轴向移动的条件下，绕基准轴线回转一周或连续回转所允许的最大变动量。用于综合控制被测要素的形状、方向和位置误差,跳动公差分为圆跳动公差和全跳动公差。

模块 6-1　解读并检测零件的径向圆跳动

一、圆跳动的概念及类型

圆跳动公差指被测要素在任一测量截面内相对于基准轴线的最大允许变动量。分为径向圆跳动公差、轴向圆跳动公差和斜向圆跳动公差三种。

二、径向圆跳动的公差带

径向圆跳动公差的公差带,见表 2-26。

径向圆跳动公差　　　　　　　　　　　　　表 2-26

项　　目	功　　用	公差带的含义	示　　例
径向圆跳动公差	用于限制被测要素的任一截面对基准轴线的径向跳动误差	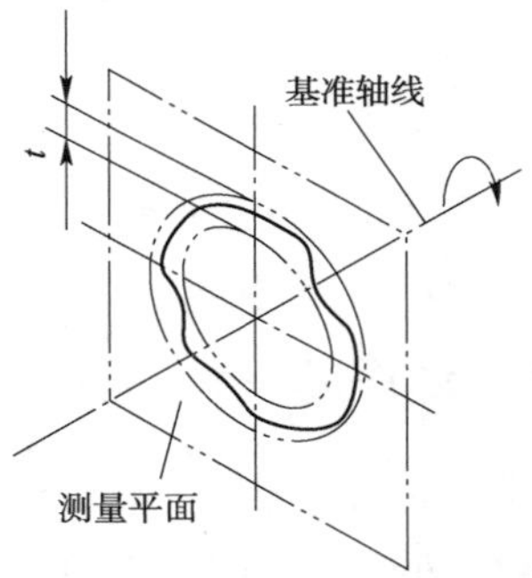 公差带为在任一垂直于基准轴的测量面内且半径差等于公差值 t,圆心在基准轴上的两同心圆所限定的区域	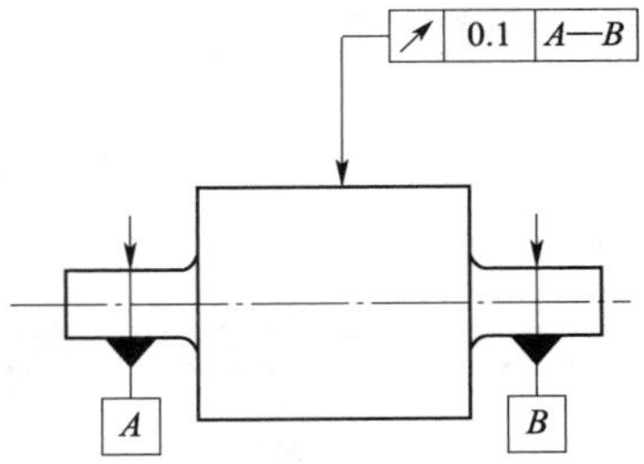 在任一垂直于公共基准轴 A—B 的横截面内,被测实际圆应限定在半径差等于0.1mm,圆心在基准轴线 A—B 上的两同心圆之间

三、解读台阶轴的径向圆跳动公差

用一个参数综合限制图 2-55 中圆柱的形状误差和位置误差,可考虑限制圆柱面的横截面轮廓在两个同心圆之间,且使这两个同心圆的轴线与两端 $\phi30\text{mm}$ 圆柱的公共轴线同轴,即限定被测圆柱面的径向圆跳动。

1. 认识圆跳动公差框格

图 2-55 中的 ↗ 0.03 A—B 表示径向圆跳动公差要求,指引线箭头指向被测要素 $\phi45\text{mm}$ 圆柱面,并与尺寸线明显错开。

2. 分析径向圆跳动公差

径向圆跳动公差框格中的数字"0.03"是径向圆跳动公差值,表示 $\phi45\text{mm}$ 圆柱面在任一垂直于基准轴线的横截面内,实际圆应限定在半径差等于 0.03mm,且圆心在基准轴线上的两同心圆之间。

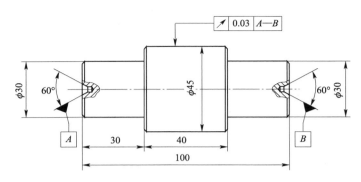

图 2-55　台阶轴的径向圆跳动公差

3. 分析基准

径向圆跳动公差框格中的"*A—B*"为基准要素，是左右中心孔的公共轴线。

（1）圆跳动公差带除了有形状和大小的要求外，还有方向和位置的要求，即公差带相对于基准轴线有确定的方位。

（2）圆跳动公差带能综合控制同一被测要素的形状、方向和位置误差。

（3）采用圆跳动公差仍不能满足要求时，可进一步给出相应的形状公差，但其数值应小于跳动公差值。

四、用偏摆测量仪测量径向圆跳动误差

（1）认识偏摆测量仪。偏摆测量仪主要由底座、左顶尖座、右顶尖座、百分表架等组成，如图 2-56 所示。用偏摆测量仪测量圆跳动时，用两顶尖模拟公共基准轴线，如图 2-57 所示。

图 2-56　偏摆测量仪

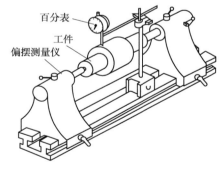

图 2-57　用偏摆测量仪测量径向圆跳动误差

（2）准备量具。准备偏摆测量仪一台、百分表一个。

（3）调整偏摆测量仪左右两顶尖距离，装夹并预紧工件。

（4）将百分表固定在表架上，使测量头压在被测圆柱面的最高素线上，压表并把指针调零。

（5）缓慢并匀速的使零件转动一周，读取百分表的最大和最小示值，其差值为该测量圆柱截面的径向圆跳动误差。

（6）按上述方法,测量若干圆柱截面,并记录各截面示值,填入表2-27中。

径向圆跳动测量数据(mm)　　　　　表2-27

截面序号	百分表最大示值	百分表最小示值	该截面径向圆跳动误差	径向圆跳动误差
1	+0.01	−0.01	0.02	
2	0	−0.01	0.01	0.02
3	+0.01	0	0.01	

（7）处理数据,判断零件是否合格。

取表2-27中的所有圆柱截面上的最大径向圆跳动误差为该圆柱面的径向圆跳动误差。由于测得的径向圆跳动误差(0.02mm)小于图样上规定的径向圆跳动公差(0.03mm),所以该台阶轴的径向圆跳动误差合格。

模块6-2 解读并检测零件的轴向圆跳动

一、轴向圆跳动及其公差带

轴向圆跳动公差的公差带含义和标注见表2-28。

轴向圆跳动公差　　　　　表2-28

项　目	功　用	公差带的含义	示　例
轴向圆跳动公差	用于限制被测要素的任一截面对基准轴线的轴向跳动误差	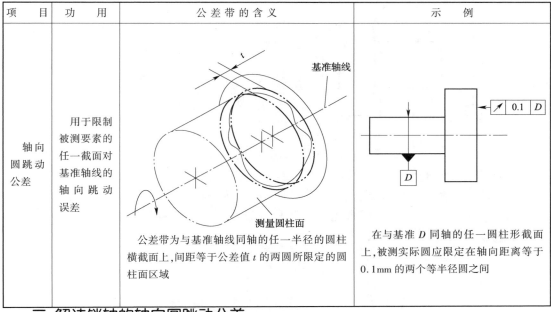 公差带为与基准轴线同轴的任一半径的圆柱横截面上,间距等于公差值 t 的两圆所限定的圆柱面区域	在与基准 D 同轴的任一圆柱形截面上,被测实际圆应限定在轴向距离等于0.1mm 的两个等半径圆之间

二、解读销轴的轴向圆跳动公差

用一个参数同时限制图2-58中的 $\phi50$mm 圆柱左端面的平面度误差和方向误差,可考虑将端面上的任一圆柱形截面上的实际圆,限定在轴向距离等于公差值的两个等半径圆之间。即限定在被测圆柱端面的轴向圆跳动误差。

1.认识轴向圆跳动公差框格

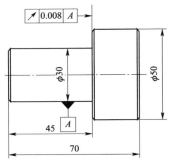

图 2-58 销轴的轴向圆跳动公差

图 2-58 中的 $\boxed{\nearrow\,|\,0.008\,|\,A}$ 表示轴向圆跳动公差要求，指引线箭头指向被测要素 $\phi 50$mm 圆柱左端面。

2. 分析轴向圆跳动公差

轴向圆跳动公差框格中的数字"0.008"是指轴向圆跳动公差值，表示在与基准轴线 A 同轴的任一半径的圆柱形截面上，实际圆应限定在轴向距离等于 0.008mm 的两个等半径圆之间。

3. 分析基准

基准 A 为 $\phi 30$mm 圆柱的轴线。

三、测量销轴轴向圆跳动误差

1. 选择工具和量具

准备检验平板一块、90°V 形架一个、方箱一个、轴向支撑一个、分度值为 0.002mm 的杠杆千分表及表架一套。

2. 安装工件

将销轴安放在 V 形架上，并进行轴向定位，如图 2-59 所示。

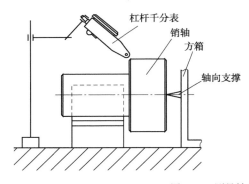
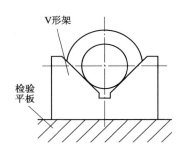

图 2-59 测量轴向圆跳动

3. 安装杠杆千分表

将杠杆千分表安装在表架上，调整其测量位置，使测杆的轴线与被测平面平行，如图 2-60 所示。如因零件结构等因素无法使测杆的轴线与被测表面平行时，需要将读数乘以 $\cos\alpha$ 加以修正，如图 2-61 所示。

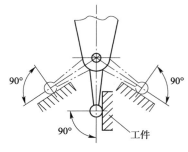
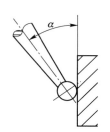

图 2-60 测杆的正确位置　　　　图 2-61 测杆与工件成一定角度

4. 测量销轴 $\phi50mm$ 圆柱左端面的轴向圆跳动误差

（1）将杠杆千分表的测量头压在 $\phi55mm$ 圆柱左端面上，压表并把指针调零。

（2）缓慢匀速连续的转动零件，读取杠杆千分表的最大和最小示值，其差值为该圆柱形截面上轴向圆跳动误差。

（3）按上述方法在 $\phi55mm$ 圆柱左端面的若干个位置测量，并记录各示值并填入表2-29中。

轴向圆跳动测量数据及处理（mm）   表2-29

截面序号	杠杆千分表 最大示值	杠杆千分表 最小示值	截面轴向圆跳动误差	轴向圆跳动误差
1	0	−0.004	0.004	
2	+0.004	−0.002	0.006	0.008
3	+0.002	−0.006	0.008	

5. 处理数据，判断零件是否合格

取表2-29中所有位置的最大轴向圆跳动误差作为该圆柱面的轴向圆跳动误差。测得的轴向圆跳动误差值为（0.008mm）等于图样上规定的轴向圆跳动公差（0.008mm），所有该销轴的轴向圆跳动误差符合给定公差要求，零件合格。

模块6-3　解读并检测零件的径向和轴向全跳动

一、全跳动的概念及其公差带

全跳动公差指被测要素在无轴向移动的条件下，绕基准轴线连续回转，同时指示针沿给定方向的理想直线连续移动（或被测要素每回转一周，指示针沿给定方向的理想直线作间断移动），指示针在给定方向上测得的最大值与最小值之差。全跳动公差分为径向全跳动公差和轴向全跳动公差，见表2-30。

全 跳 动 公 差   表2-30

项　　目	功　　用	公差带的含义	示　　例
径向全跳动公差	用于限制整个被测要素对基准轴线的径向跳动误差	 公差带为半径差等于公差值 t 且与基准轴线同轴的两圆柱面所限定的区域	 被测实际圆柱表面应限定在半径差等于0.2mm，与公共基准轴线 $A—B$ 同轴的两圆柱面之间

续上表

项 目	功 用	公差带的含义	示 例
轴向全跳动公差	用于限制整个被测要素对基准轴线的轴向跳动误差	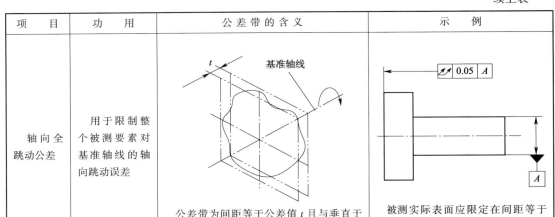 公差带为间距等于公差值 t 且与垂直于基准轴线的两平行平面所限定的区域	被测实际表面应限定在间距等于 0.05mm、垂直于基准轴线 A 的两平行平面之间

二、解读端盖的全跳动公差

端盖的全跳动公差标注如图 2-62 所示。

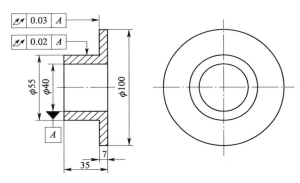

图 2-62　端盖的全跳动公差

1. 认识径向全跳动公差框格

图 2-62 中的 ╱ 0.02 A 表示的是径向全跳动公差要求，指引线箭头指向被测要素为 ϕ55mm 圆柱面。框格中的"0.02"是径向全跳动公差值，该公差框格表示实际圆柱表面应限定在半径差等于 0.02mm，与 ϕ40mm 孔的轴线（基准轴线 A）同轴的两圆柱面之间。

2. 认识轴向全跳动公差框格

图 2-62 中的 ╱ 0.03 A 表示的是轴向全跳动公差要求，指引线箭头指向被测要素为 ϕ100mm 圆柱左端面。框格中的数字"0.03"是轴向全跳动公差值，该公差框格表示实际圆柱表面应限定在半径差等于 0.03mm，垂直于 ϕ40mm 孔的轴线（基准轴线 A）的两平行平面之间。

三、装夹工件

（1）选择设备和量具。准备主轴精度较高的卧式车床一台、正面式杠杆百分表和侧面式杠杆百分表各一个、磁力表架一个、直径为 $\phi 40mm$ 的心轴一根。

车床结构如图 2-63 所示,车床上有卡盘顶尖、尾座顶尖、床鞍、中滑板、小滑板。

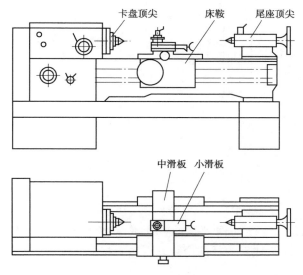

图 2-63　车床

(2)调整车床尾座,使尾座顶尖与车床主轴中心对齐。

(3)在车床上装夹工件。由于以 $\phi 40mm$ 的孔的轴线为基准,所以在端盖中间安装心轴,然后将心轴用两顶尖装夹在车床上,如图 2-64 所示。

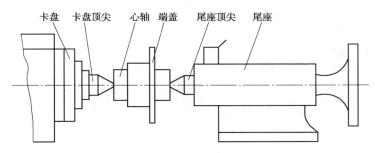

图 2-64　在车床上装夹工件

四、测 $\phi 55mm$ 圆柱面径向全跳动误差,判断误差是否合格

1. 安装正面式杠杆百分表

将正面杠杆百分表安装在磁力表架上,再将磁力表架吸附在车床的刀架上,调整正面杠杆百分表的位置,使测杆的测量点在 $\phi 55mm$ 圆柱的最高素线上,并与圆柱面的切线方向平行。如图 2-65 所示。

2. 测量径向全跳动误差

一手转动零件、同时用另一手转动车床上小滑板手柄,使小滑板带动杠杆百分表沿轴向连续移动,对实际被测 $\phi 55mm$ 圆柱面按螺旋线轨迹进行测量。或者使被测零件每回转一周,杠杆百分表作间断运动。测得最大示值 $M_{max} = +0.02mm$,最小示值 $M_{min} = +0.01mm$ 。

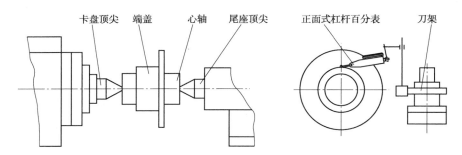

图 2-65　用正面式杠杆百分表测量径向全跳动

3. 处理数据，判断误差是否合格

在整个测量过程中，由正面式杠杆百分表测得的最大示值与最小示值之差为径向全跳动误差，即：

$$f = M_{max} - M_{min} = +0.02 - (+0.01) = 0.01 (mm)$$

很显然，测得的径向全跳动误差值（0.01mm）小于图样上规定的径向全跳动公差（0.02mm），所以 ϕ55mm 圆柱面的径向全跳动误差合格。

五、测 ϕ100mm 圆柱面轴向全跳动误差，判断误差是否合格

1. 安装侧面式杠杆百分表

由于被测要素为 ϕ100mm 圆柱面左端面，为了便于读数，选用侧面式杠杆百分表，并按照图 2-66 所示位置安装，调整侧面式杠杆百分表使测量头与工件的轴线同高，压表并把指针调零，如图 2-67 所示。

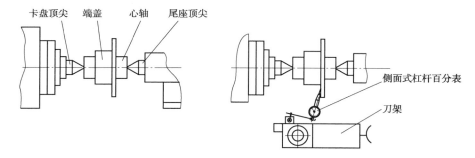

图 2-66　用侧面式杠杆百分表测量轴向全跳动

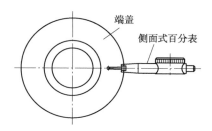

图 2-67　侧面式杠杆百分表的位置

2. 测量轴向全跳动

一手转动零件、同时用另一手转动车床上的中滑板手柄,使中滑板带动侧面式杠杆百分表沿 $\phi 100mm$ 圆柱面左端面按阿基米德螺旋线轨迹进行测量。或者被测零件每回转一周,杠杆百分表作间断运动。测得的最大示值为 $M_{max} = -0.04mm$,最小示值为 $M_{min} = -0.06mm$。

3. 处理数据,判断误差是否合格

在整个测量过程中,由侧面式杠杆百分表测得的最大示值与最小示值之差即为轴向全跳动误差,即:

$$f = M_{max} - M_{min} = (-0.04) - (-0.06) = 0.02(mm)$$

由于测得的轴向全跳动误差值(0.02mm)小于图样上给定的轴向全跳动公差(0.03mm),所以 $\phi 100mm$ 圆柱面的轴向全跳动误差合格。

单元三
表面结构要求与检测

 学习目标

完成本单元学习后,你应能:

1. 了解表面结构要求,掌握轮廓算术平均偏差和轮廓最大高度的概念;

2. 掌握表面结构符号和表面结构代号的含义,能识读图样上的表面结构符号和表面结构代号;

3. 掌握常见表面结构要求在图样中的标注方法;

4. 掌握表面粗糙度参数的选择原则和选择方法;

5. 掌握表面粗糙度比较样块的使用方法,熟练使用表面粗糙度比较样块检验零件的表面质量。

建议课时:12 课时。

模块 1 认识零件的表面结构要求

表面结构要求包括零件表面的表面结构参数、加工工艺、表面纹理及方向、加工余量、取样长度等。表面结构参数有粗糙度参数、波纹度参数和原始轮廓参数等,其中粗糙度参数是最常用的表面结构要求。

一、表面结构要求的概念

零件经过机械加工后的表面会留有许多高低不平的凸峰和凹谷,如图 3-1 所示。表面质量与加工方法、刀刃形状和切削用量等各种因素都有密切关系。

表面粗糙度是表述零件表面峰谷的高低程度和间距状况等微观几何形状特性的术语。它对于零件摩擦、磨损、配合性质、疲劳强度、接触刚度等都有显著影响,是评定零件表面质量的一项重要指标。粗糙度对零件使用性能的影响,见表 3-1。

此外,表面质量还影响零件表面的抗腐蚀性及结合表面的密封性和润滑性能等。

总之,表面质量直接影响零件的使用性能和寿命。因此,在实际应用中要对零件的表面质量加以合理的规定。

图 3-1 加工表面经放大后的图形

粗糙度对零件使用性能的影响　　　　　　　　　　　　　　　　表 3-1

形　式	说　明
对摩擦、磨损的影响	当两个表面作相对运动时,一般情况下,表面越粗糙,其摩擦系数、摩擦阻力越大,磨损也越快
对配合性质的影响	对间隙配合,粗糙表面会因峰顶很快磨损而使间隙很快增大;对过盈配合,粗糙表面的峰顶被挤平,使实际过盈减小,影响连接强度
对疲劳强度的影响	表面越粗糙,围观不平的凹痕就越深,在交变应力的作用下一易产生应力集中,使表面出现疲劳裂纹,从而降低零件的疲劳强度
对接触刚度的影响	表面越粗糙,表面间的实际接触面积就越小,单位面积受力就越大,使峰顶处的局部塑性变形增大,接触刚度降低,从而影响机器的工作精度和抗振性能

二、表面结构要求的评定参数

1. 表面结构要求评定的相关术语

表面结构要求评定中涉及取样长度和评定长度两个名词,具体说明见表 3-2。

表面结构要求评定的相关术语　　　　　　　　　　　　　　　　表 3-2

名　称	定 义 及 相 关 说 明
取样长度（lr）	取样长度是指用于判别具有表面粗糙度特征的一段基准线长度。标准规定取样长度按表面粗糙程度选取相应的数值,在取样长度范围内,一般应有不少于 5 个以上的轮廓峰和轮廓谷
评定长度（ln）	评定长度是指在评定表面粗糙度使所必需的一段长度,它可以包括一个或几个取样长度。一般情况下,按标准推荐取 $ln = 5lr$。若被测表面均匀性好,可选用小于 $5lr$ 的评定长度值;反之,均匀性较差的表面应选用大于 $5lr$ 的评定长度值

2. 表面结构要求的评定参数

表面结构要求的评定参数有 R 轮廓（表面粗糙度参数）、W 轮廓（波纹度参数）、P 轮廓（原始轮廓参数）。本书仅学习轮廓参数中评定 R 轮廓参数（表面粗糙度参数）的两个高度参数 Ra 和 Rz,具体说明见表 3-3。

表面结构要求的评定参数　　　　　　　　　　　　　　　　　　　表 3-3

名　称	定义及相关说明
算术平均偏差 **Ra**	算术平均偏差 **Ra** 指在取样长度内轮廓上各点至轮廓中线距离的算术平均值,如图 3-2 所示。其表达式为: $$Ra = \frac{1}{n}(Y_1 + Y_2 + \cdots + Y_n)$$ 式中,Y_1、Y_2、Y_n 分别为轮廓上各点至轮廓中线的距离,单位为 μm
轮廓最大高度 **Rz**	轮廓最大高度 **Rz** 是指在取样长度内,最大轮廓峰高与最大轮廓谷深之和的高度(见图 3-2 所示)

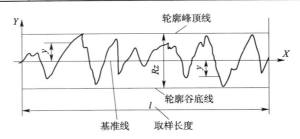

图 3-2　算术平均偏差 **Ra** 和轮廓最大高度 **Rz**

三、表面结构符号及代号的含义

1. 表面结构符号

表面结构符号及其含义见表 3-4。

表面结构符号的含义　　　　　　　　　　　　　　　　　　　表 3-4

符　号	含　义
$\checkmark$	基本图形符号:仅用于简化代号标注,没有补充说明时不能单独使用
$\sqrt{}$	扩展图形符号:表示用去除材料方法获得的表面,如通过机械加工获得的表面
$\sqrt{}$	扩展图形符号:表示不去除材料的表面,如铸、锻、冲压成形、热轧、冷轧、粉末冶金等;也用于保持上道工序形成的表面,不管这种状况是通过去除材料或不去除材料形成的
$\sqrt{}\ \sqrt{}\ \sqrt{}$	完整图形符号:当要求标注表面结构特征的补充信息时,应在原符号上加一条横线

2. 表面结构代号

国家标准中,表面结构代号中各参数的注写位置,如图 3-3 所示。

a——注写表面结构的单一要求;

a、b——注写两个或多个表面结构要求,在位置 a 注写第一个表面结构要求,在位置 b 注写第二个表面结构要求;

c——注写加工方法；

d——注写表面文理和方向；

e——注写所要求的加工余量，以 mm 为单位给出数值。

表面结构代号是在其完整图形符号上标注各项参数构成的。在表面结构代号上标注轮廓算术平均偏差 Ra 和轮廓最大高度 Rz 时，其参数值前应标出相应的参数代号"Ra"或"Rz"，其参数标注及含义见表 3-5。

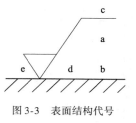

图 3-3　表面结构代号

表面结构代号的含义 表 3-5

符　　号	含　　义
$\sqrt{Ra\ 25}$	表示不允许去除材料，单向上限值，R 轮廓，粗糙度的算术平均偏差 Ra 为 $25\,\mu m$，评定长度为 5 个取样长度（默认），"16% 规则"（默认）
$\sqrt{Rz_{max}\ 0.2}$	表示去除材料，单向上限值，R 轮廓，粗糙度的最大高度为 $0.2\,\mu m$，评定长度为 5 个取样长度（默认），"最大规则"
$\sqrt{\begin{array}{l}U\ Ra_{max}\ 3.2\\L\ Ra\ 0.8\end{array}}$	表示不允许去除材料，双向极限值，R 轮廓，上限值：算术平均偏差为 $3.2\,\mu m$，评定长度为 5 个取样长度（默认），"最大规则"；下限值：算术平均偏差为 $0.8\,\mu m$，评定长度为 5 个取样长度（默认），"16% 规则"（默认）
$\sqrt{L\ Ra\ 3.2}$	表示任意加工方法，单向下限值，R 轮廓，粗糙度的算术平均偏差 Ra 为 $3.2\,\mu m$，评定长度为 5 个取样长度（默认），"16% 规则"（默认）

注：表面结构参数中，表示单向极限值时，只标注参数代号、参数值，默认为参数的上限值；在表示双向极限值时应标注极限代号，上限值在上方用 U 表示，下限值在下方，用 L 表示。如果同一参数具有双向极限要求，在不引起歧义的情况下，可以不加 U、L

四、识读定位销的表面结构代号

在零件图样中，表面的微观质量要求一般用表面结构代号表示，如图 3-4 所示。根据图 3-4，完成表 3-6 中表面结构代号的识读。

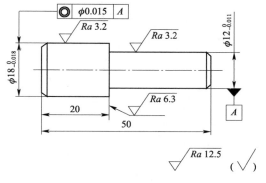

图 3-4　定位销

表面结构代号的含义 表 3-6

序　号	符　号	所要求的表面	含　义
1	$\sqrt{}Ra\,6.3$	箭头所指的阶台端面	表示通过去除材料获得该表面，单向上限值，R轮廓，粗糙度的算术平均偏差 Ra 为 $6.3\mu m$
2	$\sqrt{}Ra\,3.2$		
3	$\sqrt{}Ra\,12.5$　$(\sqrt{})$		

注：表格中空白处由教师引导，学生自主完成。

模块 2　标注零件的表面结构代号

一、表面结构代号的标注规则

（1）标注表面结构代号时，其数字或字母大小和方向必须与图中尺寸数值大小和方向一致。

（2）同一图样上，每一表面只标注一次表面结构代号。

（3）表面结构代号标注在可见轮廓线（或面）、尺寸线、尺寸界线或它们的延长线上，必要时也可标注在形位公差的框格上。

（4）表面结构代号的三角形的尖底由材料外指向并接触表面。

（5）多数表面有相同要求，可统一标注在标题栏的附近，而不是标注在图形的右上。

二、表面结构符号及代号在图样上的标注

表面结构符号及代号在图样上的标注，见表 3-7。

表面结构符号及代号在图样上的标注 表 3-7

	标注要求	图　示
一般标注	表面结构代（符）号可标注在轮廓线、尺寸界线或其延长线上，其符号应从材料外指向并接触表面，其参数的注写和读取方向要与尺寸数字的注写和读取方向一致	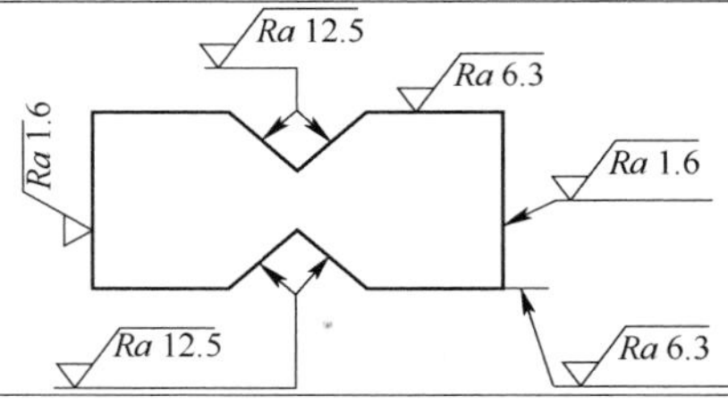
	必要时，表面结构代（符）号可用带黑点或箭头的指引线引出标注	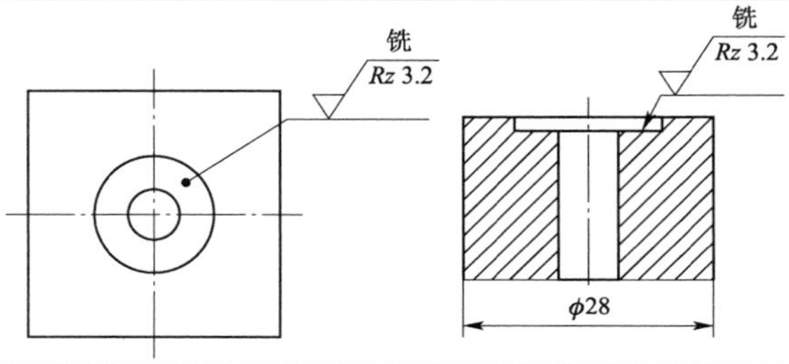

续上表

	标 注 要 求	图　　示
一般标注	在不致引起误解时,表面结构代(符)号可以标注在给定的尺寸线上	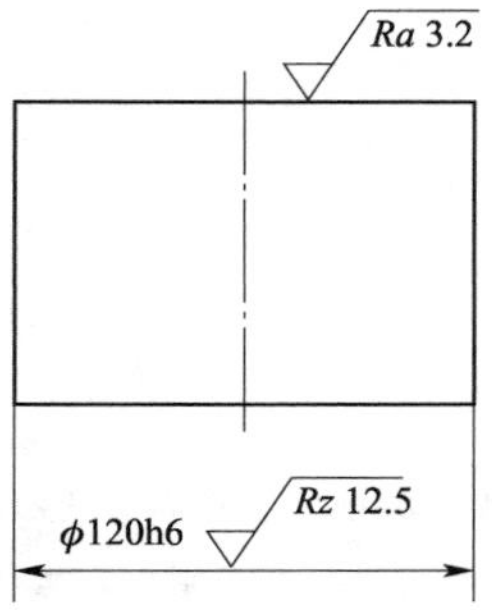
一般标注	表面结构代(符)号还可以标注在几何公差框格上方	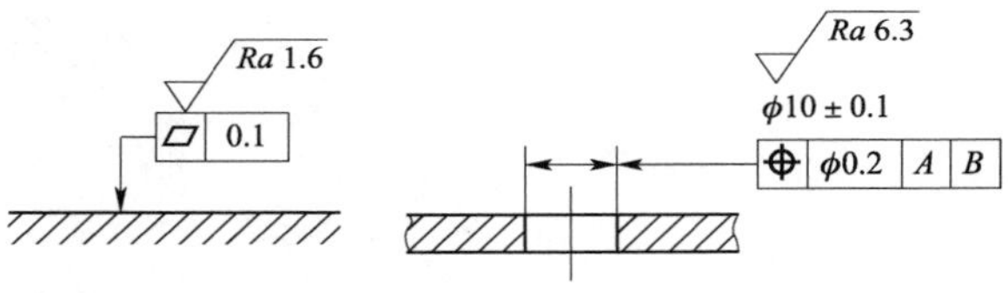
简化标注	当多个表面具有相同的表面结构要求或图样空间有限时,可以采用简化注法。可用带字母的完整符号,以等式的形式,在图形或标题栏附近,对有相同表面结构要求的表面进行简化标注	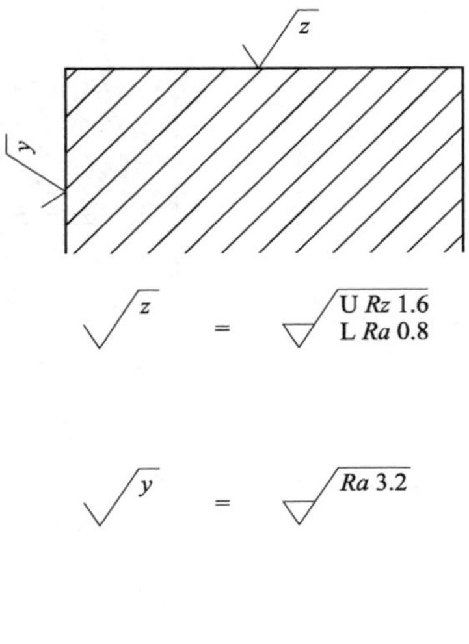

标 注 要 求	图 示
简化标注 如果工件的大部分（包括全部）表面有相同的表面结构要求时，这个表面结构要求可统一标注在图样的标题栏附近。此时，表面结构要求的符号后应有：在圆括号内给出无任何其他标注的基本要求符号，如图 a）所示；或在圆括号内给出不同的表面结构要求，如图 b）所示	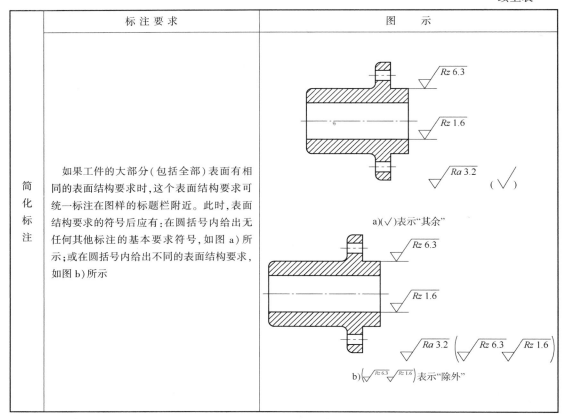

三、标注 V 带轮的表面结构代号

　　如图 3-5 所示的 V 带轮，根据表 3-8 中给出的表面粗糙度参数及要求，完成以下任务：①将表 3-8 中给定的表面粗糙度参数及要求转换为表面结构代号；②在图 3-5 V 带轮的图样上标注表面结构代号。

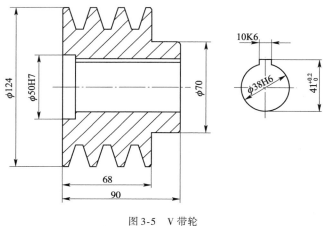

图 3-5　V 带轮

V带轮表面粗糙度参数及要求   表3-8

序号	形　式	参 数 及 要 求
1	ϕ38H6 圆柱孔	去除材料,轮廓算术平均偏差 Ra 的单向上限值为 0.8μm
2	ϕ50H7 圆柱孔及孔底	去除材料,轮廓算术平均偏差 Ra 的单向上限值为 1.6μm
3	键槽两侧及槽底	去除材料,轮廓算术平均偏差 Ra 的单向上限值为 3.2μm
4	ϕ124mm 圆柱左端面	去除材料,轮廓算术平均偏差 Ra 的单向上限值为 3.2μm
5	V 带轮槽两侧面	去除材料,轮廓算术平均偏差 Ra 的上限值为 6.3μm,下限值为 1.6μm
6	其他表面	去除材料,轮廓算术平均偏差 Ra 的单向上限值均为 6.3μm

（1）根据表3-8中所给定的各表面的表面粗糙度参数及要求,按国家标准相关规定分别转化为表面结构代号,见表3-9。

V带轮各表面结构代号   表3-9

序号	形　式	各表面结构代号	序号	形　式	各表面结构代号
1	ϕ38H6 圆柱孔	$\sqrt{\ }$ Ra 0.8	4	ϕ124mm 圆柱左端面	
2	ϕ50H7 圆柱孔及孔底	$\sqrt{\ }$ Ra 1.6	5	V 带轮槽两侧面	
3	10K6 键槽两侧及槽底	$\sqrt{\ }$ Ra 3.2	6	其他表面	

注:表格中空白处由教师引导,学生自主完成。

（2）在零件图样上标注表面结构代号。

标注时应根据图样的空间大小,选择恰当的标注方法,尽可能将表面结构代号标注在反映轮廓形状的视图上,见表3-10。

V带轮表面结构代号的标注   表3-10

序号	各表面结构代号	表面结构代号的标注
1	标注 ϕ38H6 孔的表面结构代号:将表面结构代号"$\sqrt{\ }$ Ra 0.8"的尖底标注在 ϕ38H6 孔的轮廓上	

序号	各表面结构代号	表面结构代号的标注
2	标注 $\phi50H7$ 孔的表面结构代号：为了节省空间，将表面代号"$\sqrt{Ra\,1.6}$"标注在 $\phi50H7$ 的尺寸线上，且与尺寸数字之间留有一定距离	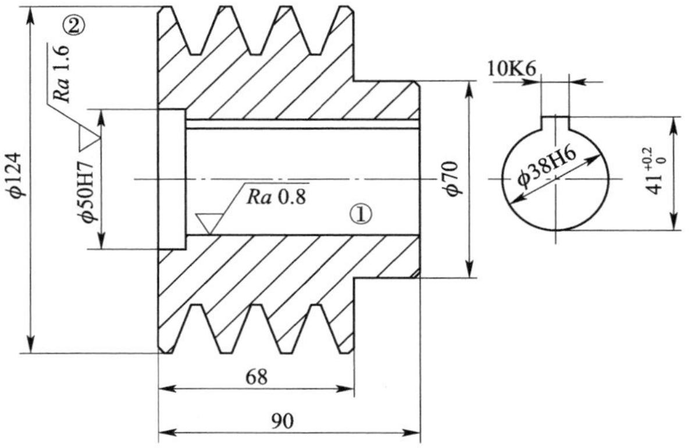
3	标注 $\phi50H7$ 孔底的表面结构代号：由于图内空间较小，必须采用引出标注，所以将表面结构代号"$\sqrt{Ra\,1.6}$"水平注写，且符号的尖底标注在带箭头的指引线上	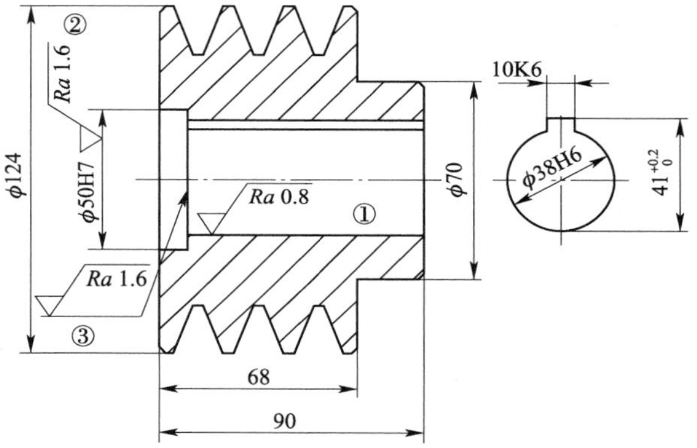
4	标注宽度为 10K6 的键槽两侧面的表面结构代号：将表面结构代号"$\sqrt{Ra\,3.2}$"的尖底标注在 10K6 的尺寸线的延长线上	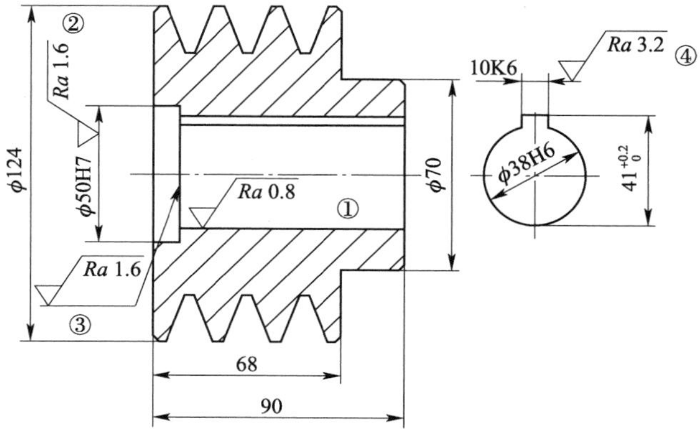

序号	各表面结构代号	表面结构代号的标注
5	标注键槽底面的表面结构代号	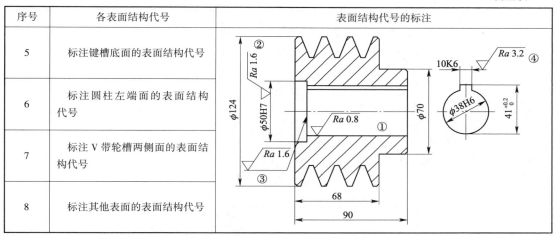
6	标注圆柱左端面的表面结构代号	
7	标注 V 带轮槽两侧面的表面结构代号	
8	标注其他表面的表面结构代号	

注：表中序号 5~8 的表面结构代号由教师引导,学生自主完成。

四、表面结构要求辅助信息的注写

为了明确表面结构要求,除了标注表面粗糙度参数外,必要时应标注辅助信息,包括加工工艺(方法)、表面纹理及方向、加工余量等,其标注内容及注写位置在图 3-3 表面结构代号示图中已介绍。当对零件表面有特殊功用要求时,其辅助信息具体标注方法,见表 3-11。

粗糙度对零件使用性能的影响   表 3-11

注写内容	符 号	标注方法及示例	解 释
加工纹理	=	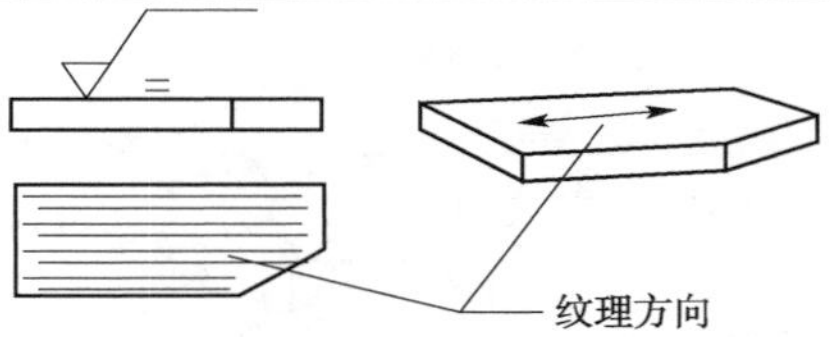 纹理方向	纹理方向平行于视图的正投影面
	⊥	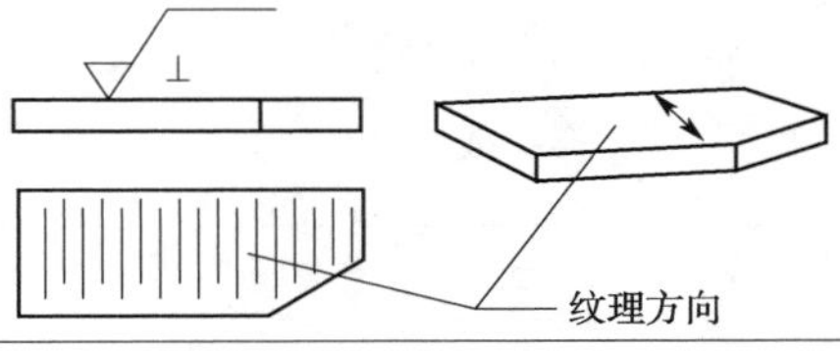 纹理方向	纹理方向垂直于视图的正投影面
	×	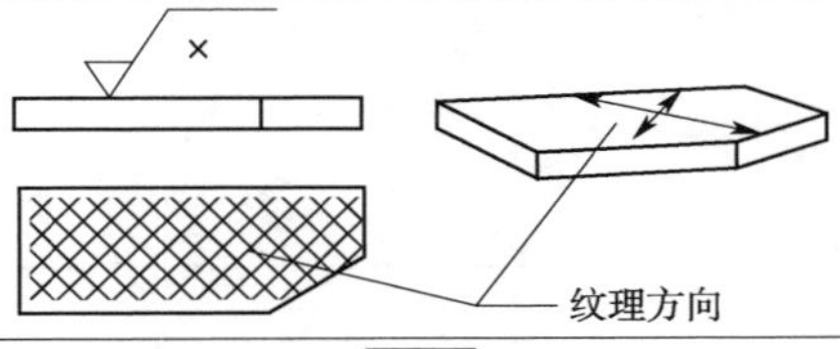 纹理方向	纹理呈两斜向交叉且与视图的正投影面相交
	M	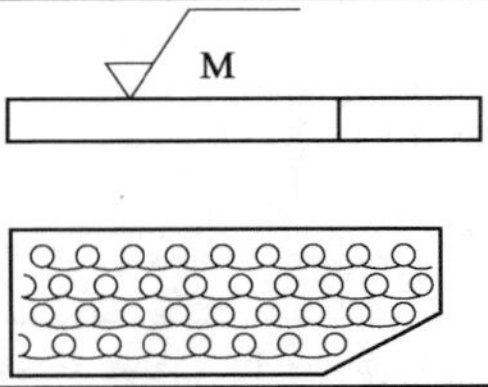	纹理呈多方向

注写内容	符号	标注方法及示例	解释
加工纹理	C	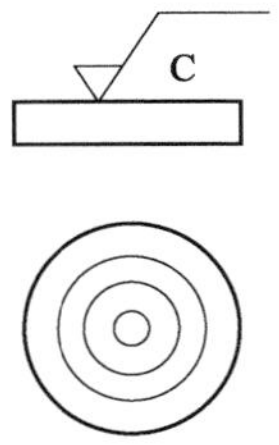	纹理呈近似同心圆且圆心与表面中心相关
	R		纹理呈近似放射状且与表面同心圆相关
	P	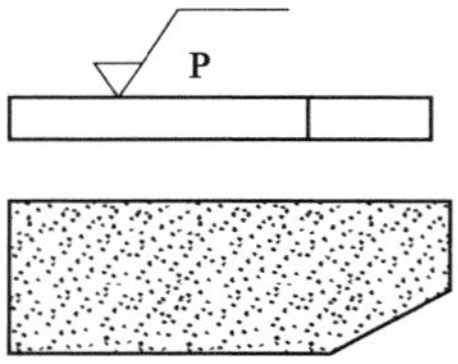	纹理呈微粒、凸起、无方向
加工方法	—	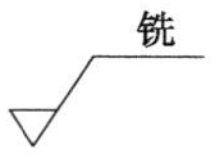 铣	需要注明加工方法时，应用文字注写在完整符号横线上方，如车、铣、钻、磨等
加工余量	—	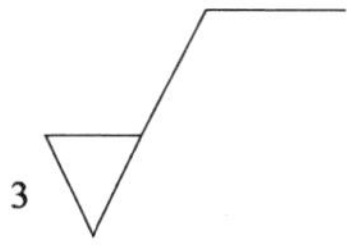 3	在同一图样中，有多个加工工序的表面可用数字标注出加工余量，如示例中的"3"

注：如果表面纹理不能清楚的用这些符号表示，必要时，可以在图样上加注说明。

模块3　表面粗糙度的选用及检测

一、R 轮廓参数(表面粗糙度参数)值的选用

R 轮廓参数(表面粗糙度参数)值的选择应遵循:在满足表面功能要求的前提下,尽量选用较大的粗糙度参数值的基本原则,以便简化加工工艺,降低加工成本。

R 轮廓参数(表面粗糙度参数)值的选择一般采用类比法,见表 3-12,具体选择时应考虑下列因素:

(1)在同一零件上,工作表面一般比非工作表面的粗糙度参数值要小。

(2)摩擦表面比非摩擦表面的粗糙度参数值要小;滚动摩擦表面比滑动摩擦表面的粗糙度参数值要小;运动速度高、压力大的摩擦表面比运动速度低、压力小的摩擦表面的粗糙度参数值要小。

(3)承受循环载荷的表面及易引起应力集中的结构(圆角、沟槽等),其粗糙度参数值要小。

(4)配合精度要求高的结合表面、配合间隙小的配合表面及要求连接可靠且承受重载的过盈配合表面,均应取较小的粗糙度参数值。

(5)配合性质相同时,在一般情况下,零件尺寸越小,则粗糙度参数值应越小;在同一精度等级时,小尺寸比大尺寸、轴比孔的粗糙度参数值要小;通常在尺寸公差、表面形状公差小时,粗糙度参数值要小。

(6)防腐性、密封性要求越高,粗糙度参数值应越小。

表 3-12 给出了粗糙度参数值在某一范围内的表面特征、对应的加工方法及应用举例,供选用时参考。

R 轮廓参数(表面粗糙度参数)的表面特征、对应的加工方法及应用举例　　表 3-12

表面特征		$Ra\ (\mu m)$	加工方法	应用举例
粗糙表面	可见刀痕	>20 ~40	粗车、粗刨、粗铣、钻、荒锉、锯割	半成品粗加工后的表面,非配合的加工表面,如轴端面、倒角、钻孔、带轮的侧面、键槽底面、垫圈接触面等
	微见刀痕	>10 ~20		
半光表面	微见加工痕迹	>5 ~10	车、铣、镗、刨、钻、锉、粗磨、粗铰	轴上不安装轴承、齿轮处的非配合表面,紧固件的自由装配表面等
		>2.5 ~5	车、铣、镗、刨、磨、锉、滚压、电火花加工、粗刮	半精加工表面,箱体、支架、端盖、套筒等与其他零件结合而无配合要求的表面,需要发蓝的表面等
	看不清加工痕迹	>1.25 ~2.5	车、铣、镗、刨、磨、刮、滚压、铣齿	接近于精加工表面,齿轮的齿面、定位销孔、箱体上安装轴承的镗孔表面

表面特征		Ra（μm）	加工方法	应用举例
光表面	可辨加工痕迹的方向	>0.63 ~ 1.25	车、铣、镗、拉、磨、刮、精铰、粗研、磨齿	要求保证定心及配合特性的表面,如锥销、圆柱销、与滚动轴承相配合的轴颈,磨削的齿轮表面,卧式车床的导轨面,内、外花键定心表面等
	微辨加工痕迹的方向	>0.32 ~ 0.63	精铰、精镗、磨、刮、滚压、研磨	要求配合性质稳定的配合表面,受交变应力作用的重要零件,较高精度车床的导轨面
	不可辨加工痕迹的方向	>0.16 ~ 0.32	布轮磨、精磨、研磨、超精加工、抛光	精密机床主轴锥孔,顶尖圆锥面,发动机曲轴,凸轮轴工作表面,高精度齿轮齿面
极光表面	暗光泽面	>0.08 ~ 0.16	精磨、研磨、抛光、超精车	精密机床主轴颈表面,汽缸内内表面、活塞销表面,仪器导轨面,阀的工作面,一般量规测量面等
	亮光泽面	>0.04 ~ 0.08	超精磨、镜面磨削、精抛光	精密机床主轴颈表面,滚动导轨中的钢球、滚子和高速摩擦的工作面
	镜状光泽面	>0.01 ~ 0.04		高压柱塞泵中柱塞和柱塞套的配合表面,中等精度仪器零件配合表面
	镜面	≤0.01	镜面磨削、超精磨	高精度量仪、量块的工作表面,高精度仪器摩擦机构的支撑表面,光学仪器中的金属镜面

二、R 轮廓参数（表面粗糙度参数）的检测

常用的检测表面粗糙度的方法有比较法和仪器检测发两种。检测表面粗糙度要求不严的表面时,通常采用比较法;检测精度较高,要求获得准确评定参数时,则需采用专业仪器检测粗糙度参数。

1. 比较法

比较法是指将被测表面与标准粗糙度样块进行比较,用目测和手摸的感触来判断粗糙度参数的一种检测方法。表面粗糙度比较样块,如图 3-6 所示。这种方法简便易行,适于在车间现场使用,但其评定的可靠性在很大程度上取决于检测人员的经验,往往误差较大。

比较时还可以借助放大镜、比较显微镜等工具,以减少误差,提高判断的准确性。采用比较法检测零件表面粗糙度参数的步骤,见表 3-13。

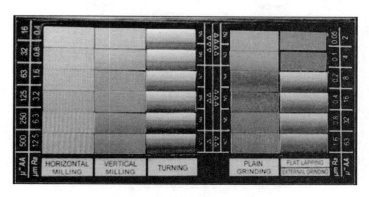

图 3-6　表面粗糙度比较样块

比较法的检验步骤　　　　　　　　　　　　　　　　表 3-13

步骤	内　　　容	参数及要求
1	将被检验表面与表面粗糙度比较样块进行对比	
2	视觉法:用肉眼从各个方向观察比较,根据两个表面反射光线的强弱和色彩,判断其与比较样块中哪一块比较吻合。比较时应使样块与被检验表面的加工纹理方向保持一致	
3	触摸法:用手指抚摸被检验表面和比较样块的工作面,凭触感来判断两者的吻合度	
4	相吻合的比较样块的表面粗糙度值即为被检验表面的粗糙度参数值	

2. 仪器检测法

表面粗糙度参数的仪器检测法主要有光切法、干涉法和感触法(又称针描法)、直接测量法等几种,见表 3-14。

仪 器 检 测 法　　　　　　　　　　　　　　　　表 3-14

方　法	仪　器	原　理	测 量 值
光切法	光切显微镜	利用光切原理观测被测表面实际轮廓的放大光亮带和干涉条纹,再通过测量、计算获得粗糙度值的方法	Rz $0.5 \sim 50\mu m$

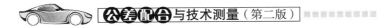

续上表

方　　法	仪　　器	原　　理	测　量　值
干涉法	干涉显微镜	利用干涉原理观测被测表面实际轮廓的放大光亮带和干涉条纹，再通过测量、计算获得粗糙度值的方法	Rz $0.03 \sim 1\mu m$
感触法 （针描法）	粗糙度仪	测量时使触针以一定速度划过被测表面，传感器将触针随被测表面的微小峰谷的上下移动转化成电信号，并经过传输、放大和积分运算处理后，通过显示器显示粗糙度值。注意：触针滑动的方向应与工件的加工纹理方向垂直	Ra
直接测量法	微控表面粗糙度测量仪	利用光电、传感、微处理器、液晶显示等先进技术制造的各种表面粗糙度测量仪，一般都可直接显示被测表面实际轮廓的放大图形和多项粗糙度特性参数数值，有的还具有打印功能，可将测得的参数和图形直接打印出来	Rz、Ra

单元四
圆锥和角度的公差与检测

  学习目标

完成本单元学习后,你应能:

1. 了解锥度的概念、锥度与锥角系列和圆锥角公差;

2. 了解万能角度尺的结构、读数方法,能熟练使用万能角度尺测量各种角度;

3. 掌握用正弦规和千分表检测锥度及数据处理方法。

建议课时:6 课时。

模块 1　圆锥公差的基础知识

一、圆锥的基本参数及定义

圆锥分为内锥(圆锥孔)和外锥(圆锥轴),分别用下脚标 i 和 e 表示,一般情况下内、外锥配合使用。

圆锥结合的几何参数如图 4-1 所示,其符号、定义及解释见表 4-1。

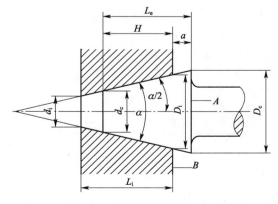

图 4-1　圆锥结合中几何参数

A-外圆锥基准面;*B*-内圆锥基准面

圆锥结合中的基本参数及释义 表 4-1

序 号	名 称		符 号	释 义
1	锥角	圆锥角	α	指在通过圆锥轴线的截面内,两条素线间的夹角
		圆锥素线角	$\alpha/2$	指圆锥素线与其轴线的夹角,它等于圆锥角之半
2	圆锥直径	内锥大、小端直径	D_i、d_i	指与圆锥轴线垂直的截面内的直径 设计时一般选用内锥大端直径 D_i 或外锥小端直径 d_e 作为基本直径
		外锥大、小端直径	D_e、d_e	
		给定截面内圆锥直径	D_3、d_3	在任意给定截面(与圆锥轴线垂直)的圆锥直径
3	圆锥长度	内锥长度	L_i	指圆锥大端直径与小端直径之间的轴向距离
		外锥长度	L_e	
4	圆锥配合长度		H	指内、外圆锥配合的轴向距离
5	锥度		C	指圆锥的大、小端直径差与圆锥长度之比
6	基面距		a	指相互结合的内、外圆锥基面间的距离,基准面一般取在圆锥端面 基面距用来确定内外圆锥的轴向相对位置(图4-1)

二、锥度与锥角系列

为便于圆锥件的设计、生产和检验,保证产品的互换性,减少生产中所需的定值刀具、量具种类和规格,国家标准《产品几何量技术规范(GPS)圆锥的锥度与锥角系列》(GB/T 157—2001)规定了一般用途圆锥的锥度与圆锥角系列和特殊用途圆锥的锥度与圆锥角系列,表4-2所示为一般用途圆锥的锥度与圆锥角系。在选用时应优先选用第一系列。

莫氏锥度是一种在机械制造业中广泛使用的锥度,它通过圆锥面之间的过盈配合实现零件间的精确定位。莫氏锥配合由于锥度很小,利用两锥摩擦可以传递一定的转矩,又可以方便的拆卸。常用莫氏锥度有 7 种,分别为 5、6、0、4、3、2、1 号,其圆锥角依次减小,使用时,只有相同号数的莫氏内、外锥才能配合。

一般用途圆锥的锥度与圆锥角(摘自 GB/T 157—2001) 表 4-2

基 本 值		推 算 值			
		圆 锥 角 α			锥度 C
系列 1	系列 2	(°)(′)(″)	(°)	rad	
120°		—	—	2.09439510	1:0.2886751
90°		—	—	1.57079633	1:0.5000000
	75°	—	—	1.3899694	1:0.6516127
60°		—	—	1.04719755	1:0.8660254
45°		—	—	0.78539816	1:1.2071068

续上表

基 本 值		推 算 值			
系列 1	系列 2	圆 锥 角 α			锥度 C
		(°)(′)(″)	(°)	rad	
30°		—	—	0.52359978	1:1.8660254
1:3		18°55′28.72″	18.92464442°	0.33029735	—
	1:4	14°15′0.1177″	14.25003270°	0.24870999	
1:5		11°25′16.2706″	11.42118627°	0.19933730	—
	1:6	9°31′38.22″	9.5273°		
	1:7	8°10′16.44″	8.1712°		
	1:8	7°9′9.61″	7.1527°		
1:10		5°43′29.32″	5.7248°		
	1:12	4°46′18.80″	4.7719°		
	1:15	3°49′5.90″	3.8183°		
1:20		2°51′51.09″	2.8642°		
1:30		1°54′34.86″	1.9097°		
1:50		1°8′45.16″	1.1459°		
1:100		34′22.63″	0.5730°		
1:200		17′11.32″	0.2865°		
1:500		6′52.53″	0.1146°		

三、圆锥角公差

圆锥角公差 ATa 是指圆锥角的允许变动量,即允许的锥角最大值 α_{max} 与最小值 α_{min} 之差。圆锥角公差带是在轴切面内最大、最小两个极限圆锥角所限定的区域,如图 4-2 所示。圆锥角公差共分 12 个公差等级,分别为 AT1、AT2 ~ AT12,其中,AT1 精度最高,其余依次降低。各级精度圆锥角的公差值见表 4-3。

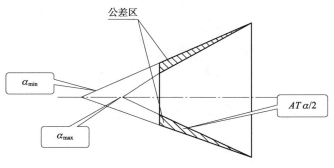

图 4-2 极限圆锥角

圆锥角公差数值 TAa（摘自 GB/T 11334—2005）　　　　　　表 4-3

基本圆锥长度 L（mm）	圆锥角公差等级											
	AT1	AT2	AT3	AT4	AT5	AT6	AT7	AT8	AT9	AT10	AT11	AT12
>6 ~ 10	10″	16″	26″	41″	1′05″	1′43″	2′45″	4′18″	6′52″	10′49″	17′11″	27′28″
>10 ~ 16	8″	13″	21″	33″	52″	1′22″	2′10″	3′26″	5′30″	8′35″	13′44″	21′38″
>16 ~ 25	6″	10″	16″	26″	41″	1′05″	1′43″	2′45″	4′18″	6′52″	10′49″	17′11″
>25 ~ 40	5″	8″	13″	21″	33″	52″	1′22″	2′10″	3′26″	5′30″	8′35″	13′44″
>40 ~ 63	4″	6″	10″	16″	26″	41″	1′05″	1′43″	2′45″	4′18″	6′52″	10′49″
>63 ~ 100	3″	5″	8″	13″	21″	33″	52″	1′22″	2′10″	3′26″	5′30″	8′35″
>100 ~ 160	2.5″	4″	6″	10″	16″	26″	41″	1′05″	1′43″	2′45″	4′18″	6′52″
>160 ~ 250	2″	3″	5″	8″	13″	21″	33″	52″	1′22″	2′10″	3′26″	5′30″
>250 ~ 400	1.5″	2.5″	4″	6″	10″	16″	26″	41″	1′05″	1′43″	2′45″	4′18″
>400 ~ 630	1″	2″	3″	5″	8″	13″	21″	33″	52″	1′22″	2′10″	3′26″

模块 2　用万能角度尺检测锥度

一、认识万能角度尺

1. 万能角度尺的结构

万能角度尺是用来测量工件内外角度的量具，其结构如图 4-3 所示，其游标固定在扇形板上，基尺和尺身连成一体。扇形板可以与尺身作相对回转运动，形成和游标卡尺相似的读数机构。角尺用夹块固定在扇形板上，直尺又用夹块固定在角尺上。根据被测角度的需要，可以拆下角尺，将直尺直接固定在扇形板上。制动器可以将扇形板和尺身锁紧，以便于读数。

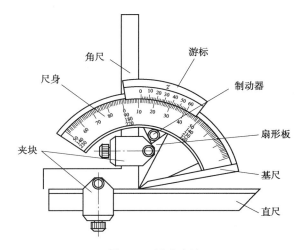

图 4-3　万能角度尺

2. 万能角度尺的读数

万能角度尺的分度值一般有 2′和 5′的两种,如图 4-3 所示的万能角度尺的分度值为 2′。万能角度尺的读数方法和游标卡尺相似,即先从尺身上读出游标零刻度线指示的角度的"度"的数值,再找到游标上刻线与尺身上刻线对齐的位置,读出角度"分"的数值,两者相加即为被测角度的数值。如图 4-4 所示万能角度尺,先在尺身上读出"度"的数值为 11°,然后在游标上读出"分"的数值为 36′,故万能角度尺的示值为 11°36′。

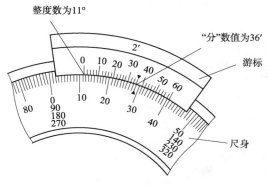

图 4-4　万能角度尺的读数

3. 万能角度尺的测量范围

由于万能角度尺的角尺和直尺可以移动和拆换,因此万能角度尺可以测量 0～320°间的任意角度,见表 4-4。

万能角度尺的测量范围　　　　　　　　　　　　　　　　表 4-4

序号	万能角度尺结构图	万能角度尺的测量范围
1		测量 0°～50°角时的情况,被测工件放在基尺和直尺的测量面之间,按尺身上的第一排刻度读数
2		测量 50°～140°角时的情况,此时将角度尺取下来,将直尺直接装在扇形板的夹块上,利用基尺和直尺的测量面进行测量,按尺身上的第二排刻度读数

序号	万能角度尺结构图	万能角度尺的测量范围
3	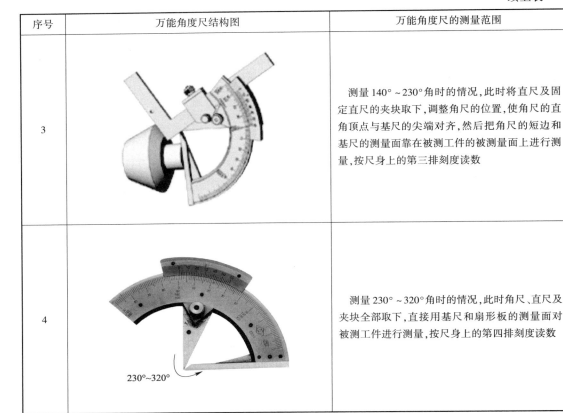	测量 140°～230°角时的情况，此时将直尺及固定直尺的夹块取下，调整角尺的位置，使角尺的直角顶点与基尺的尖端对齐，然后把角尺的短边和基尺的测量面靠在被测工件的被测量面上进行测量，按尺身上的第三排刻度读数
4	230°～320°	测量 230°～320°角时的情况，此时角尺、直尺及夹块全部取下，直接用基尺和扇形板的测量面对被测工件进行测量，按尺身上的第四排刻度读数

二、用万能角度尺测量塞规锥的锥角并判断零件是否合格

（1）将万能角度尺擦干净并较零。

（2）将基尺贴近圆锥台端面，直尺刀口紧贴圆锥面，如图 4-5 所示。

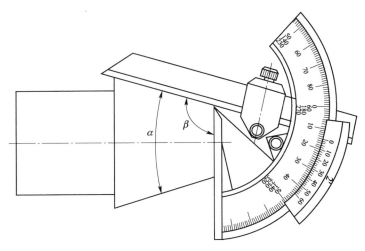

图 4-5 用万能角度尺测量锥度

（3）移开万能角度尺，读取测得角度，记录测量数据，见表 4-5。

（4）旋转工件，选择其他位置进行测量，并记录数据，见表 4-5。

（5）测量结束后，将万能角度尺擦拭干净，放入刀具盒内。

（6）处理数据，角度 β 换算成圆锥半角 $\alpha/2$，再转换成圆锥角 α，将结果填入表 4-5 中。

（7）判断零件是否合格，如果测得的圆锥角都在误差范围内，则零件的圆锥角合格。

锥塞圆锥台圆锥角测量结果　　　　　　　　　　表 4-5

测量次数	1	2	3	4	5	6	7	8
所测 β 角	105°2′	105°	104°58′	105°2′	105°2′	105°	105°	104°58′
换算成 $\alpha/2$	15°2′	15°	14°58′					
圆锥角 α	30°4′	30°	29°56′					
圆锥角误差	+4′	0	−4′					

注：表格中空白处由教师引导，学生自主完成。

三、用万能角度尺检测燕尾薄板的角度

图 4-6 所示为燕尾薄板，如果用万能角度尺测量图中标注的角度尺寸，应采用表 4-4 中哪种测量方法？

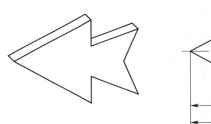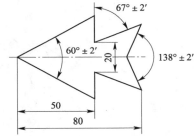

图 4-6　燕尾薄板

利用万能角度尺测量燕尾薄板的角度，判断零件是否合格，完成表 4-6 中的测量读数任务。

用万能角度尺检测燕尾薄板的角度　　　　　　　　　　表 4-6

序号	理论测量值	测　量　示　意　图	实际读数	零件是否合格
1	60°±2′		60°6′	不合格

序号	理论测量值	测量示意图	实际读数	零件是否合格
2	67° ±2′			
3	138° ±2′			

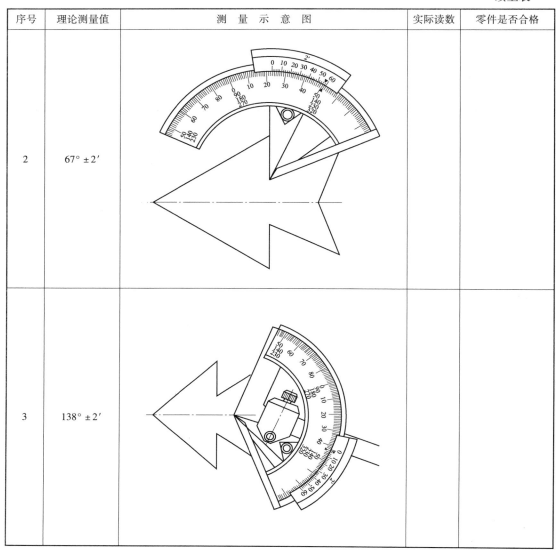

注：表格中空白处由教师引导，学生自主完成。

模块 3　用正弦规检测圆锥塞规的锥度

一、用正弦规检测圆锥塞规的锥度

如图 4-7 所示，圆锥塞规图样中要求锥度为 7∶24，完成以下任务：①将锥度换算成锥角，并标注圆锥角公差 ±16″。②用正弦规和千分表测量圆锥塞规的锥角，判断圆锥塞规的圆锥角是否合格。

由于万能角度尺的分值是 2′，无法测量圆锥角公差为 ±16′的圆锥塞规，需考虑其他精密的测量方法,在此我们使用正玄规进行锥度检测。

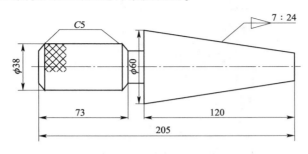

图 4-7　圆锥塞规图样

1. 锥度换算成锥角,标注圆锥角公差 ±16″

图中标注塞规的圆锥度为 7∶24,属于特殊用途圆锥。特殊用途圆锥的锥度与锥角系列关系见表 4-7,查表可知,7∶24 的锥度对应的圆锥角度为 16°35′39.44″,则圆锥角及公差的标注如图 4-8 所示。

特殊用途圆锥的锥度与锥角系列(摘自 GB/T 157—2001)　　　　　表 4-7

基　本　值	锥角 α 推算值		说　　明
7∶24	16°35′39.44″	16.5943°	机床主轴、工具配合
1∶19.002	3°0′52.40″	3.0146°	莫氏锥度 No.5
1∶19.180	2°59′11.73″	2.9866°	莫氏锥度 No.6
1∶19.212	2°58′53.83″	2.9816°	莫氏锥度 No.0
1∶19.254	2°58′30.42″	2.9751°	莫氏锥度 No.4
1∶19.922	2°52′31.45″	2.8754°	莫氏锥度 No.3
1∶20.020	2°51′40.80″	2.8613°	莫氏锥度 No.2
1∶20.047	2°51′26.93″	2.8575°	莫氏锥度 No.1

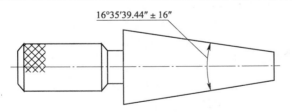

图 4-8　圆锥塞规的圆锥角及公差

2. 准备工具和量具

两圆柱中心距为 200mm 的正弦规一台、挡位圆柱一个、千分表及表架一套、量块一套、检验平板一块(正弦规及千分表的结构及其使用可参照第二单元相关模块内容)。

3. 用正弦规和千分表测量锥度

(1)将圆锥塞规去除毛刺、油污,再将正弦规、精密测量平台、千分表等擦拭干净。

(2)把正弦规放在测量平台上,圆锥塞规放在正弦规的工作平面上。

(3)计算正弦规一端需要垫起的高度,选择合适的标准量块,垫入正弦规一端圆柱下,如图 4-9 所示。

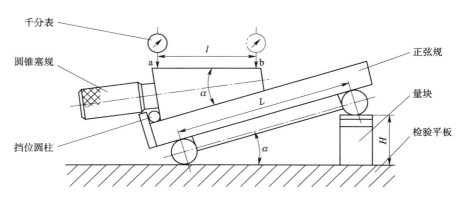

图 4-9　正弦规测量锥度

所需量块的高度为：

$$H = L\sin\alpha = 200 \times \sin16°35'39.44'' = 57.119(\text{mm})$$

（4）把千分表安装在表架上，用千分表在圆锥台最高素线的两端相距为 $l = 110\text{mm}$ 的 a、b 两点进行测量，测得高度差 Δh，填入表 4-8 中。

表 4-8

圆锥度测量数据

测量次数	1	2	3	4	5
高度差 Δh（mm）	+ 0.006	+ 0.004	− 0.001	− 0.003	+ 0.007
圆锥角误差 $\Delta\alpha$（″）	+ 11.2505				

注：1. $\Delta h = h_a - h_b$。$h_a > h_b$ 时，Δh 数值为正值，否则为负值。

　　2. 表格中空白处由教师引导，学生自主完成。

（5）旋转圆锥塞规，在圆锥体上再测量 4 次，将测得的高度差填入表 4-8 中。

二、处理数据，判断零件是否合格

1. 计算圆锥角误差

圆锥角误差可用下式计算：

$$\Delta\alpha \approx 2.0626 \times 10^5 \frac{\Delta h}{l}$$

式中：$\Delta\alpha$——圆锥角误差，（″）；

　　　Δh——千分表测得高度差，mm；

　　　l——两测量点之间的距离，mm。

第一次测量位置的圆锥角误差为：

$$\Delta\alpha \approx 2.0626 \times 10^5 \frac{\Delta h}{l} = 2.0626 \times 10^5 \times \frac{+ 0.006}{110} = + 11.2505''$$

采用相同计算方法将其余各次测量的圆锥角误差填入表 4-8 中。

2. 判断零件是否合格

根据表 4-8 中的计算结果及圆锥角公差 ±16″ 的要求，判断圆锥塞规的圆锥角是否合格。

三、其他锥度检测方法

对圆锥角度的检测,除了常用的万能角度尺、正弦规外,还可以用角度样板来检验圆锥,见表4-9。

用角度样板检验圆锥角度或锥度　　　　　　　　　　　　表4-9

	用角度样板检测锥齿轮坯的正外锥角	用角度样板检测锥齿轮坯的反外锥角
图示	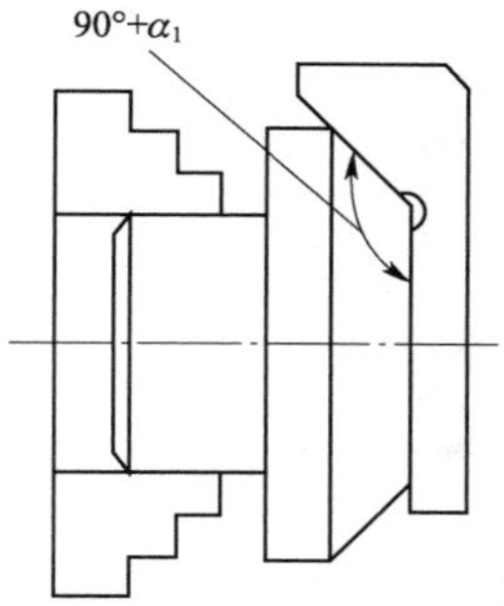	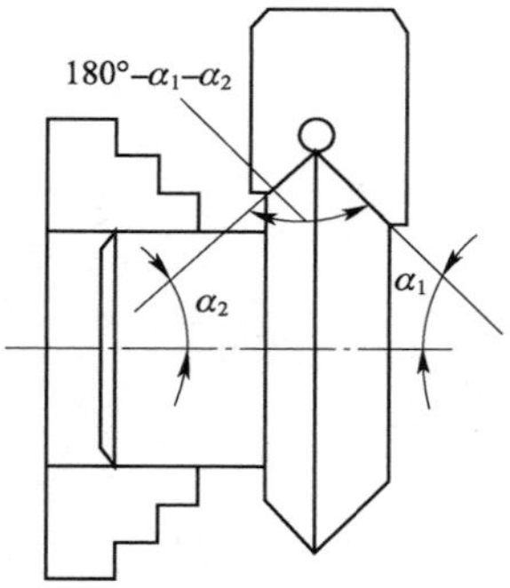
基准	以端面为基准	以正外锥面为基准
特点	角度样板属于专用量具,用于成批和大量生产;用角度样板检测,快捷方便,但精度较低,且不能测得实际的角度值	

附　表　1

轴的基本偏差数值表（μm）

公称尺寸（mm）大于	至	a	b	c	cd	d	e	ef	f	fg	g	h	js	j 5~6	j 7	j 8	k 4~7	k ≤3 >7
		所有公差等级												上下极限偏差				
－~3		−270	−140	−60	−34	−20	−14	−10	−6	−4	−2	0		−2	−4	−6	0	0
3	6	−270	−140	−70	−46	−30	−20	−14	−10	−6	−4	0		−2	−4		+1	0
6	10	−280	−150	−80	−56	−40	−25	−18	−13	−8	−5	0		−2	−5		+1	0
10	14	−290	−150	−95	—	−50	−32	—	−16	—	−6	0		−3	−6	—	+1	0
14	18	−290	−150	−95	—	−50	−32	—	−16	—	−6	0		−3	−6	—	+1	0
18	24	−300	−160	−110	—	−65	−40	—	−20	—	−7	0		−4	−8	—	+2	0
24	30	−300	−160	−110	—	−65	−40	—	−20	—	−7	0		−4	−8	—	+2	0
30	40	−310	−170	−120	—	−80	−50	—	−25	—	−9	0		−5	−10	—	+2	0
40	50	−320	−180	−130	—	−80	−50	—	−25	—	−9	0		−5	−10	—	+2	0
50	65	−340	−190	−140	—	−100	−60	—	−30	—	−10	0		−7	−12	—	+2	0
65	80	−360	−200	−150	—	−100	−60	—	−30	—	−10	0	偏差等于 ±IT/2	−7	−12	—	+2	0
80	100	−380	−220	−170	—	−120	−72	—	−36	—	−12	0		−9	−15	—	+3	0
100	120	−410	−240	−180	—	−120	−72	—	−36	—	−12	0		−9	−15	—	+3	0
120	140	−460	−260	−200	—	−145	−85	—	−43	—	−14	0		−11	−18	—	+3	0
140	160	−520	−280	−210	—	−145	−85	—	−43	—	−14	0		−11	−18	—	+3	0
160	180	−580	−310	−230	—	−145	−85	—	−43	—	−14	0		−11	−18	—	+3	0
180	200	−660	−340	−240	—	−170	−100	—	−50	—	−15	0		−13	−21	—	+4	0
200	225	−740	−380	−260	—	−170	−100	—	−50	—	−15	0		−13	−21	—	+4	0
225	250	−820	−420	−280	—	−170	−100	—	−50	—	−15	0		−13	−21	—	+4	0
250	280	−920	−480	−300	—	−190	−110	—	−56	—	−17	0		−16	−26	—	+4	0
280	315	−1050	−540	−330	—	−190	−110	—	−56	—	−17	0		−16	−26	—	+4	0
315	355	−1200	−600	−360	—	−210	−125	—	−62	—	−18	0		−18	−28	—	+4	0
355	400	−1350	−680	−400	—	−210	−125	—	−62	—	−18	0		−18	−28	—	+4	0
400	450	−1500	−760	−440	—	−230	−135	—	−68	—	−20	0		−20	−32	—	+5	0
450	500	−1650	−840	−480	—	−230	−135	—	−68	—	−20	0		−20	−32	—	+5	0
500	560	—	—	—	—	−260	−145	—	−76	—	−22	0		—	—	—	0	0
560	630	—	—	—	—	−260	−145	—	−76	—	−22	0		—	—	—	0	0

公称尺寸 (mm) 大于	至	基本偏差 下极限偏差 ei — 所有公差等级 m	n	p	r	s	t	u	v	x	y	z	za	zb	zc
–	~3	+2	+4	+6	+10	+14	—	+18	—	+20	—	+26	+32	+40	+60
3	~6	+4	+8	+12	+15	+19	—	+23	—	+28		+35	+42	+50	+80
6	~10	+6	+10	+15	+19	+23	—	+28	—	+34		+42	+52	+67	+97
10	~14	+7	+12	+18	+23	+28	—	+33	—	+40		+50	+64	+90	+130
14	~18	+7	+12	+18	+23	+28	—	+33	+39	+45		+60	+77	+108	+150
18	~24	+8	+15	+22	+28	+35	—	+41	+47	+54	+63	+73	+98	+136	+188
24	~30	+8	+15	+22	+28	+35	+41	+48	+55	+64	+75	+88	+118	+160	+218
30	~40	+9	+17	+26	+34	+43	+48	+60	+68	+80	+94	+112	+148	+220	+274
40	~50	+9	+17	+26	+34	+43	+54	+70	+81	+97	+114	+136	+180	+242	+325
50	~65	+11	+20	+32	+41	+53	+66	+87	+102	+122	+144	+172	+226	+300	+405
65	~80	+11	+20	+32	+43	+59	+75	+102	+120	+146	+174	+210	+274	+360	+480
80	~100	+13	+23	+37	+51	+71	+91	+124	+146	+178	+214	+258	+335	+445	+585
100	~120	+13	+23	+37	+54	+79	+104	+144	+172	+210	+256	+310	+400	+525	+690
120	~140	+15	+27	+43	+63	+92	+122	+170	+202	+248	+300	+365	+470	+620	+800
140	~160	+15	+27	+43	+65	+100	+134	+190	+228	+280	+340	+415	+535	+700	+900
160	~180	+15	+27	+43	+68	+108	+146	+210	+252	+310	+380	+465	+600	+780	+1000
180	~200	+17	+31	+50	+77	+122	+166	+236	+284	+350	+425	+520	+670	+880	+1150
200	~225	+17	+31	+50	+80	+130	+180	+258	+310	+385	+470	+575	+740	+960	+1250
225	~250	+17	+31	+50	+84	+140	+196	+284	+340	+425	+520	+640	+820	+1050	+1350

公称尺寸 (mm) 大于	至	基本偏差 上极限偏差 es 所有公差等级 a	b	c	cd	d	e	ef	f	fg	g	h	js	下极限偏差 ei j 5~6	j 7	j 8	k 4~7	k ≤3 / >7
630	~710	—	—	—		−290	−160	—	−80	—	−24	0	偏差等于 ±IT/2	—	—	—	0	0
710	~800	—	—	—		−290	−160	—	−80	—	−24	0		—	—	—	0	0
800	~900	—	—	—		−320	−170	—	−86	—	−26	0		—	—	—	0	0
900	~1000	—	—	—		−320	−170	—	−86	—	−26	0		—	—	—	0	0
1000	~1120	—	—	—		−350	−195	—	−98	—	−28	0		—	—	—	0	0
1120	~1250	—	—	—		−350	−195	—	−98	—	−28	0		—	—	—	0	0
1250	~1400	—	—	—		−390	−220	—	−110	—	−30	0		—	—	—	0	0
1400	~1600	—	—	—		−390	−220	—	−110	—	−30	0		—	—	—	0	0
1600	~1800	—	—	—		−430	−240	—	−120	—	−32	0		—	—	—	0	0
1800	~2000	—	—	—		−430	−240	—	−120	—	−32	0		—	—	—	0	0

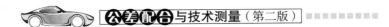

续上表

公称尺寸（mm）		基本偏差													
		下极限偏差 ei													
大于	至	m	n	p	r	s	t	u	v	x	y	z	za	zb	zc
		所有公差等级													
250～280		+20	+34	+56	+94	+158	+218	+315	+385	+475	+580	+710	+920	+1200	+1550
280～315					+98	+170	+240	+350	+425	+525	+650	+790	+1000	+1300	+1700
315～355		+21	+37	+62	+108	+190	+268	+390	+475	+590	+730	+900	+1150	+1500	+1900
355～400					+114	+208	+294	+435	+530	+660	+820	+1000	+1300	+1650	+2100
400～450		+23	+40	+68	+126	+232	+330	+490	+595	+740	+920	+1100	+1450	+1850	+2400
450～500					+132	+252	+360	+540	+660	+820	+1000	+1250	+1600	+2100	+2600
500～560		+26	+44	+78	+150	+280	+400	+600	—	—	—	—	—	—	—
560～630					+155	+310	+450	+660							
630～710		+30	+50	+88	+175	+340	+500	+740	—	—	—	—	—	—	—
710～800					+185	+380	+560	+840							
800～900		+34	+56	+100	+210	+430	+6200	+940	—	—	—	—	—	—	—
900～1000					+220	+470	+680	+1050							

注：1. 公称尺寸小于或等于 1mm 时，基本偏差 a 和 b 均不采用。

2. 公差带 js7～js11，若 ITn 数值是奇数，则取偏差 js = ±(ITn − 1)/2。

孔的基本偏差数值表 （μm）

公称尺寸(mm) 大于	至	A	B	C	CD	D	E	EF	F	FG	G	H	JS	J 6	J 7	J 8	K ≤8	K >8	M ≤8	M >8
		\多columns下极限偏差 EI（所有的公差等级）												上极限偏差 ES						
−	~3	+270	+140	+60	+34	+20	+14	+10	+6	+4	+2	0	偏差等于 ±IT/2	+2	+4	+6	0	0	−2	−4
3	~6	+270	+140	+70	+36	+30	+20	+14	+10	+6	+4	0		+5	+6	+10	−1 +△	—	−4 +△	−4
6	~10	+280	+150	+80	+56	+40	+25	+18	+13	+8	+5	0		+5	+8	+12	−1 +△	—	−6 +△	−6
10	~14	+290	+150	+95	—	+50	+32	—	+16	—	+6	0		+6	+10	+15	−1 +△	—	−7 +△	−7
14	~18	+290	+150	+95	—	+50	+32	—	+16	—	+6	0		+6	+10	+15	−1 +△	—	−7 +△	−7
18	~24	+300	+160	+110	—	+65	+40	—	+20	—	+7	0		+8	+12	+20	−2 +△	—	−8 +△	−8
24	~30	+300	+160	+110	—	+65	+40	—	+20	—	+7	0		+8	+12	+20	−2 +△	—	−8 +△	−8
30	~40	+310	+170	+120	—	+80	+50	—	+25	—	+9	0		+10	+14	+24	−2 +△	—	−9	−9
40	~50	+320	+180	+130	—	+80	+50	—	+25	—	+9	0		+10	+14	+24	−2 +△	—	−9	−9
50	~65	+340	+190	+140	—	+100	+60	—	+30	—	+10	0		+13	+18	+28	−2 +△	—	−11	−11
65	~80	+360	+200	+150	—	+100	+60	—	+30	—	+10	0		+13	+18	+28	−2 +△	—	−11	−11
80	~100	+380	+220	+170	—	+120	+72	—	+36	—	+12	0		+16	+22	+34	−3 △	—	−13	−13
100	~120	+410	+240	+180	—	+120	+72	—	+36	—	+12	0		+16	+22	+34	−3 △	—	−13	−13
120	~140	+440	+260	+200	—	+145	+85	—	+43	—	+14	0		+18	+26	+41	−3 △	—	−15	−15
140	~160	+520	+280	+210	—	+145	+85	—	+43	—	+14	0		+18	+26	+41	−3 △	—	−15	−15
160	~180	+580	+310	+230	—	+145	+85	—	+43	—	+14	0		+18	+26	+41	−3 △	—	−15	−15
180	~200	+660	+340	+240	—	+170	+100	—	+50	—	+15	0		+22	+30	+47	−4 +△	—	−17	−17
200	~225	+740	+380	+260	—	+170	+100	—	+50	—	+15	0		+22	+30	+47	−4 +△	—	−17	−17
225	~250	+820	+420	+280	—	+170	+100	—	+50	—	+15	0		+22	+30	+47	−4 +△	—	−17	−17
250	~280	+920	+480	+300	—	+190	+110	—	+56	—	+17	0		+25	+36	+55	−4 +△	—	−20	−20
280	~315	+1050	+540	+330	—	+190	+110	—	+56	—	+17	0		+25	+36	+55	−4 +△	—	−20	−20
315	~355	+1200	+600	+360	—	+120	+150	—	+62	—	+18	0		+29	+39	+60	−4 +△	—	−21	−21
355	~400	+1350	+680	+400	—	+120	+150	—	+62	—	+18	0		+29	+39	+60	−4 +△	—	−21	−21

公称尺寸(mm) 大于	至	基本偏差 下极限偏差 EI A	B	C	CD	D	E	EF	F	FG	G	H	JS	上极限偏差 ES J 6	J 7	J 8	K ≤8	K >8	M ≤8	M >8
		所有的公差等级																		
400~450		+1500	+760	+440	—	+230	+135	—	+68	—	+20	0		+33	+43	+66	−5 +△	—	−23 +△	
450~500		+1650	+840	+480	—	+230	+135	—	+68	—	+20	0		+33	+43	+66	−5 +△	—	−23 +△	−23
500~560		—	—	—	—	+260	+145	—	+76	—	+22	0		—	—	—	0			
560~630		—	—	—	—	+260	+145	—	+76	—	+22	0		—	—	—	0		−26	
630~710		—	—	—	—	+290	+160	—	+80	—	+24	0		—	—	—	0			
710~800		—	—	—	—	+290	+160	—	+80	—	+24	0		—	—	—	0		−30	
800~900		—	—	—	—	+320	+170	—	+86	—	+26	0		—	—	—	0			
900~1000		—	—	—	—	+320	+170	—	+86	—	+26	0		—	—	—	0		−34	

公称尺寸(mm) 大于	至	公称偏差 上极限偏差 ES N ≤8	N >8	P~ZC ≤7	P	R	S	T	U	V	X	Y	Z	ZA	ZB	ZC	△ 3	4	5	6	7	8
					>7																	
— ~3		−4	−4		−6	−10	−14	—	−18	—	−20	—	−26	−32	−40	−60	0					
3~6		−8 +△	0	在大于7级的相应数值上增加一个△值	−12	−15	−19	—	−23	—	−28	—	−35	−42	−50	−80	1	1.5	1	3	4	6
6~10		−10 +△	0		−15	−19	−23	—	−28	—	−34	—	−42	−52	−67	−97	1	1.5	2	3	6	7
10~14		−12 +△	0		−18	−23	−28	—	−33	—	−40	—	−50	−64	−90	−130	1	2	3	3	7	9
14~18										−39	−45		−60	−77	−108	−150						
18~24		−15 +△	0		−22	−28	−35	—	−41	−47	−54	−65	−73	−98	−136	−188	1.5	2	3	4	8	12
24~30								−41	−48	−55	−64	−75	−88	−118	−160	−218						
30~40		−17 +△	0		−26	−34	−43	−48	−60	−68	−80	−94	−112	−148	−200	−274	1.5	3	4	5	9	14
40~50								−54	−70	−81	−95	−114	−136	−180	−242	−325						
50~65		−20 +△	0		−32	−41	−53	−66	−87	−102	−122	−144	−172	−226	−300	−400	2	3	5	6	11	16
65~80						−43	−59	−75	−102	−120	−146	−174	−210	−274	−360	−480						
80~100		−23 +△	0		−37	−51	−71	−92	−124	−146	−178	−214	−258	−335	−445	−585	2	4	5	7	13	19
100~120						−54	−79	−104	−144	−172	−210	−254	−310	−400	−525	−690						
120~140		−27 +△	0		−43	−63	−92	−122	−170	−202	−248	−300	−365	−470	−620	−800	3	4	6	7	15	23
140~160						−65	−100	−134	−190	−228	−280	−340	−415	−535	−700	−900						
160~180						−68	−108	−146	−210	−252	−310	−380	−465	−600	−780	−1000						

续上表

公称尺寸(mm) 大于	至	N ≤8	N >8	P~ZC ≤7	P	R	S	T	U	V	X	Y	Z	ZA	ZB	ZC	△ 3	4	5	6	7	8
											>7											
180~200		-31 +△	0		-50	-77	-122	-166	-236	-284	-350	-425	-520	-670	-880	-1150	3	4	6	9	17	26
200~225						-80	-130	-180	-258	-310	-385	-470	-575	-740	-960	-1250						
225~250						-84	-140	-196	-284	-340	-425	-520	-640	-820	-1050	-1350						
250~280		-34 +△	0		-56	-94	-158	-218	-315	-385	-475	-580	-710	-920	-1200	-1500	4	4	7	9	20	29
280~315						-98	-170	-240	-350	-425	-525	-650	-790	-1000	-1300	-1700						
315~355		-37 +△	0		-62	-108	-190	-268	-390	-475	-590	-730	-900	-1150	-1500	-1900	4	5	7	11	21	32
355~400						-114	-208	-294	-435	-530	-660	-820	-1000	-1300	-1650	-2100						
400~450		-40 +△	0		-68	-126	-232	-330	-490	-595	-740	-920	-1100	-1450	-1850	-2400	5	5	7	13	23	34
450~500						-132	-252	-360	-540	-660	-820	-1000	-1250	-1600	-2100	-2600						
500~560		-44			-78	-150	-280	-400	-600	—	—	—	—	—	—	—	—	—	—	—	—	—
560~630						-155	-310	-450	-660													
630~710		-50			-88	-175	-340	-500	-740	—	—	—	—	—	—	—	—	—	—	—	—	—
710~800						-185	-380	-560	-840													
800~900		-56			-100	-210	-430	-620	-940	—	—	—	—	—	—	—	—	—	—	—	—	—
900~1000						-220	-470	-680	-1050													

注:1. 公称尺寸小于 1 mm 时,各级的 A 和 B 及大于 8 级的 N 均不采用。

  2. JS 的数值,对 IT7～IT11,若 IT 的数值(μm)为奇数,则取 JS = ±(IT-1)/2。

  3. 特殊情况:当公称尺寸大于 250mm 而小于 315mm 时,M6 的 ES 等于 -9(不等于 -11)。

附　表　3

轴的极限偏差表(μm)

公称尺寸 (mm)		公差带												
		a					b					c			
		公差等级													
大于	至	9	10	11	12	13	9	10	11	12	13	8	9	10	11	12
—	3	−270 −295	−270 −310	−270 −330	−270 −370	−270 −410	−140 −165	−140 −180	−140 −200	−140 −240	−140 −280	−60 −74	−60 −85	−60 −100	−60 −120	−60 −160
3	6	−270 −300	−270 −318	−270 −345	−270 −390	−270 −450	−140 −170	−140 −188	−140 −215	−140 −260	−140 −320	−70 −88	−70 −100	−70 −118	−70 −145	−70 −190
6	10	−280 −316	−280 −338	−280 −370	−280 −430	−280 −500	−150 −186	−150 −208	−150 −240	−150 −300	−150 −370	−80 −102	−80 −116	−80 −138	−80 −170	−80 −230
10	14	−290 −333	−290 −360	−290 −400	−290 −470	−290 −560	−150 −193	−150 −220	−150 −260	−150 −330	−150 −420	−95 −122	−95 −138	−95 −165	−95 −205	−95 −275
14	18															
18	24	−300 −352	−300 −384	−300 −430	−300 −510	−300 −630	−160 −212	−160 −244	−160 −290	−160 −370	−160 −490	−110 −143	−110 −162	−110 −194	−110 −240	−110 −320
24	30															
30	40	−310 −372	−310 −410	−310 −470	−310 −560	−310 −700	−170 −232	−170 −270	−170 −330	−170 −420	−170 −560	−120 −159	−120 −182	−120 −220	−120 −280	−120 −370
40	50	−320 −382	−320 −420	−320 −480	−320 −570	−320 −710	−180 −242	−180 −280	−180 −340	−180 −430	−180 −570	−130 −169	−130 −192	−130 −230	−130 −290	−130 −380
50	65	−340 −414	−340 −460	−340 −530	−340 −640	−340 −800	−190 −264	−190 −310	−190 −380	−190 −490	−190 −650	−140 −186	−140 −214	−140 −260	−140 −330	−140 −440
65	80	−360 −434	−360 −480	−360 −550	−360 −660	−360 −820	−200 −274	−200 −320	−200 −390	−200 −500	−200 −660	−150 −196	−150 −224	−150 −270	−150 −340	−150 −450
80	100	−380 −467	−380 −520	−380 −600	−380 −730	−380 −920	−220 −307	−220 −360	−220 −440	−220 −570	−220 −760	−170 −224	−170 −257	−170 −310	−170 −390	−170 −520
100	120	−410 −497	−410 −550	−410 −630	−410 −760	−410 −950	−240 −327	−240 −380	−240 −460	−240 −590	−240 −780	−180 −234	−180 −267	−180 −320	−180 −400	−180 −530

公称尺寸（mm）		公差带														
		a					b					c				
		公差等级														
大于	至	9	10	11	12	13	9	10	11	12	13	8	9	10	11	12
120	140	−460 −560	−460 −620	−460 −710	−460 −860	−460 −1090	−260 −360	−260 −420	−260 −510	−260 −660	−260 −890	−200 −263	−200 −300	−200 −360	−200 −450	−200 −600
140	160	−520 −620	−520 −680	−520 −770	−520 −920	−520 −1150	−280 −380	−280 −440	−280 −530	−280 −680	−280 −910	−210 −273	−210 −310	−210 −370	−210 −460	−210 −610
160	180	−580 −680	−580 −740	−580 −830	−580 −980	−580 −1210	−310 −410	−310 −470	−310 −560	−310 −710	−310 −940	−230 −293	−230 −330	−230 −390	−230 −480	−230 −630
180	200	−660 −775	−660 −845	−660 −950	−660 −1120	−660 −1380	−340 −455	−340 −525	−340 −630	−340 −800	−340 −1060	−240 −312	−240 −355	−240 −425	−240 −530	−240 −700
200	225	−740 −855	−740 −925	−740 −1030	−740 −1200	−740 −1460	−380 −495	−380 −565	−380 −670	−380 −840	−380 −1100	−260 −332	−260 −375	−260 −445	−260 −550	−260 −720
225	250	−820 −935	−820 −1005	−820 −1110	−820 −1280	−820 −1540	−420 −535	−420 −605	−420 −710	−420 −880	−420 −1140	−280 −352	−280 −395	−280 −465	−280 −270	−280 −740
250	280	−920 −1050	−920 −1130	−920 −1240	−920 −1440	−920 −1730	−480 −610	−480 −690	−480 −800	−480 −1000	−480 −1290	−300 −381	−300 −430	−300 −510	−300 −620	−300 −820
280	315	−1050 −1180	−1050 −1260	−1050 −1370	−1050 −1570	−1050 −1860	−540 −670	−540 −750	−540 −860	−540 −1060	−540 −1350	−330 −411	−330 −460	−330 −540	−330 −650	−330 −850
315	355	−1200 −1340	−1200 −1430	−1200 −1560	−1200 −1770	−1200 −2090	−600 −740	−600 −830	−600 −960	−600 −1170	−600 −1490	−360 −449	−360 −500	−360 −590	−360 −720	−360 −930
355	400	−1350 −1490	−1350 −1580	−1350 −1710	−1350 −1920	−1350 −2240	−680 −820	−680 −910	−680 −1040	−680 −1250	−680 −1570	−400 −489	−400 −540	−400 −630	−400 −760	−400 −970
400	450	−1500 −1655	−1500 −1750	−1500 −1900	−1500 −2130	−1500 −2470	−760 −915	−760 −1010	−760 −1160	−760 −1390	−760 −1730	−440 −537	−440 −595	−440 −690	−440 −840	−440 −1070
450	500	−1650 −1805	−1650 −1900	−1650 −2050	−1650 −2280	−1650 −2620	−840 −995	−840 −1090	−840 −1240	−840 −1470	−840 −1810	−480 −577	−480 −635	−480 −730	−480 −880	−480 −1110

公称尺寸（mm）		公差带													
		c	d					e					f		
		公差等级													
大于	至	13	7	8	9	10	11	6	7	8	9	10	5	6	7
−	3	−60 −200	−20 −30	−20 −34	−20 −45	−20 −60	−20 −80	−14 −20	−14 −24	−14 −28	−14 −39	−14 −54	−6 −10	−6 −12	−6 −16
3	6	−70 −250	−30 −42	−30 −48	−30 −60	−30 −78	−30 −105	−20 −28	−20 −32	−20 −38	−20 −50	−20 −68	−10 −15	−10 −18	−10 −22
6	10	−80 −300	−40 −55	−40 −62	−40 −76	−40 −98	−40 −130	−25 −34	−25 −40	−25 −47	−25 −61	−25 −83	−13 −19	−13 −22	−13 −28
10	14	−95 −365	−50 −68	−50 −77	−50 −93	−50 −120	−50 −160	−32 −43	−32 −50	−32 −59	−32 −75	−32 −102	−16 −24	−16 −27	−16 −34
14	18														

公称尺寸（mm）		公差带													
		c	d					e					f		
		公差等级													
大于	至	13	7	8	9	10	11	6	7	8	9	10	5	6	7
18	24	−110 −440	−65 −86	−65 −98	−65 −117	−65 −149	−65 −195	−40 −53	−40 −61	−40 −73	−40 −92	−40 −124	−20 −29	−20 −33	−20 −41
24	30														
30	40	−120 −510	−80 −105	−80 −119	−80 −142	−80 −180	−80 −240	−50 −66	−50 −75	−50 −89	−50 −112	−50 −150	−25 −36	−25 −41	−25 −50
40	50	−130 −520													
50	65	−140 −600	−100 −130	−100 −146	−100 −174	−100 −220	−100 −290	−60 −79	−60 −90	−60 −106	−60 −134	−60 −180	−30 −43	−30 −49	−30 −60
65	80	−150 −610													
80	100	−170 −710	−120 −155	−120 −174	−120 −207	−120 −260	−120 −340	−72 −94	−72 −107	−72 −126	−72 −159	−72 −212	−36 −51	−36 −58	−36 −71
100	120	−180 −720													
120	140	−200 −830	−145 −185	−145 −208	−145 −245	−145 −305	−145 −395	−85 −110	−85 −125	−85 −148	−85 −185	−85 −245	−43 −61	−43 −68	−43 −83
140	160	−210 −840													
160	180	−230 −860													
180	200	−240 −960	−170 −216	−170 −242	−170 −285	−170 −355	−170 −460	−100 −129	−100 −146	−100 −170	−100 −215	−100 −285	−50 −70	−50 −79	−50 −96
200	225	−260 −980													
225	250	−280 −1000													
250	280	−300 −1110	−190 −242	−190 −271	−190 −320	−190 −400	−190 −510	−110 −142	−110 −162	−110 −191	−110 −240	−110 −320	−56 −79	−56 −88	−56 −108
280	315	−330 −1140													
315	355	−360 −1250	−210 −267	−210 −299	−210 −350	−210 −440	−210 −570	−125 −161	−125 −182	−125 −214	−125 −265	−125 −355	−62 −87	−62 −98	−62 −119
355	400	−400 −1290													
400	450	−440 −1410	−230 −293	−230 −327	−230 −385	−230 −480	−230 −630	−135 −175	−135 −198	−135 −232	−135 −290	−135 −380	−68 −95	−68 −108	−68 −131
450	500	−480 −1450													

续上表

公称尺寸（mm）		公差带													
		f		g			h								
		公差等级													
大于	至	8	9	5	6	7	4	5	6	7	8	9	10	11	12
—	3	−6 −20	−6 −31	−2 −6	−2 −8	−2 −12	0 −3	0 −4	0 −6	0 −10	0 −14	0 −25	0 −40	0 −60	0 −100
3	6	−10 −28	−10 −40	−4 −9	−4 −12	−4 −16	0 −4	0 −5	0 −8	0 −12	0 −18	0 −30	0 −48	0 −75	0 −120
6	10	−13 −35	−13 −49	−5 −11	−5 −14	−5 −20	0 −4	0 −6	0 −9	0 −15	0 −22	0 −36	0 −58	0 −90	0 −150
10	14	−16 −43	−16 −59	−6 −14	−6 −17	−6 −24	0 −5	0 −8	0 −11	0 −18	0 −27	0 −43	0 −70	0 −110	0 −180
14	18	−16 −43	−16 −59	−6 −14	−6 −17	−6 −24	0 −5	0 −8	0 −11	0 −18	0 −27	0 −43	0 −70	0 −110	0 −180
18	24	−20 −53	−20 −72	−7 −16	−7 −20	−7 −28	0 −6	0 −9	0 −13	0 −21	0 −33	0 −52	0 −84	0 −130	0 −210
24	30	−20 −53	−20 −72	−7 −16	−7 −20	−7 −28	0 −6	0 −9	0 −13	0 −21	0 −33	0 −52	0 −84	0 −130	0 −210
30	40	−25 −64	−25 −87	−9 −20	−9 −25	−9 −34	0 −7	0 −11	0 −16	0 −25	0 −39	0 −62	0 −100	0 −160	0 −250
40	50	−25 −64	−25 −87	−9 −20	−9 −25	−9 −34	0 −7	0 −11	0 −16	0 −25	0 −39	0 −62	0 −100	0 −160	0 −250
50	65	−30 −76	−30 −104	−10 −23	−10 −29	−10 −40	0 −8	0 −13	0 −19	0 −30	0 −46	0 −74	0 −120	0 −190	0 −300
65	80	−30 −76	−30 −104	−10 −23	−10 −29	−10 −40	0 −8	0 −13	0 −19	0 −30	0 −46	0 −74	0 −120	0 −190	0 −300
80	100	−36 −90	−36 −123	−12 −27	−12 −34	−12 −47	0 −10	0 −15	0 −22	0 −35	0 −54	0 −87	0 −140	0 −220	0 −350
100	120	−36 −90	−36 −123	−12 −27	−12 −34	−12 −47	0 −10	0 −15	0 −22	0 −35	0 −54	0 −87	0 −140	0 −220	0 −350
120	140	−43 −106	−43 −143	−14 −32	−14 −39	−14 −54	0 −12	0 −18	0 −25	0 −40	0 −63	0 −100	0 −160	0 −250	0 −400
140	160	−43 −106	−43 −143	−14 −32	−14 −39	−14 −54	0 −12	0 −18	0 −25	0 −40	0 −63	0 −100	0 −160	0 −250	0 −400
160	180	−43 −106	−43 −143	−14 −32	−14 −39	−14 −54	0 −12	0 −18	0 −25	0 −40	0 −63	0 −100	0 −160	0 −250	0 −400
180	200	−50 −122	−50 −165	−15 −35	−15 −44	−15 −61	0 −14	0 −20	0 −29	0 −46	0 −72	0 −115	0 −185	0 −290	0 −460
200	225	−50 −122	−50 −165	−15 −35	−15 −44	−15 −61	0 −14	0 −20	0 −29	0 −46	0 −72	0 −115	0 −185	0 −290	0 −460
225	250	−50 −122	−50 −165	−15 −35	−15 −44	−15 −61	0 −14	0 −20	0 −29	0 −46	0 −72	0 −115	0 −185	0 −290	0 −460

续上表

公称尺寸 （mm）		公差带														
		f		g			h								
		公差等级														
大于	至	8	9	5	6	7	4	5	6	7	8	9	10	11	12
250	280	−56 −137	−56 −186	−17 −40	−17 −49	−17 −69	0 −16	0 −23	0 −32	0 −52	0 −81	0 −130	0 −210	0 −320	0 −520
280	315														
315	355	−62 −151	−62 −202	−18 −43	−18 −54	−18 −75	0 −18	0 −25	0 −36	0 −57	0 −89	0 −140	0 −230	0 −360	0 −570
355	400														
400	450	−68 −165	−68 −223	−20 −47	−20 −60	−20 −83	0 −20	0 −27	0 −40	0 −63	0 −97	0 −155	0 −250	0 −400	0 −630
450	500														

公称尺寸 （mm）		公差带												
		j			js									
		公差等级												
大于	至	5	6	7	2	3	4	5	6	7	8	9	10	11	12
—	3	—	4 −2	6 −4	±0.6	±1	±1.5	±2	±3	±5	±7	±12	±20	±30	±50
3	6	3 −2	6 −2	8 −4	±0.75	±1.25	±2	±2.5	±4	±6	±9	±15	±24	±37	±60
6	10	4 −2	7 −2	10 −5	±0.75	±1.25	±2	±3	±4.5	±7	±11	±18	±29	±45	±75
10	14	5 −3	8 −3	12 −6	±1	±1.5	±2.5	±4	±5.5	±9	±13	±21	±35	±55	±90
14	18														
18	24	5 −4	9 −4	13 −8	±1.25	±2	±3	±4.5	±6.5	±10	±16	±26	±42	±65	±105
24	30														
30	40	6 −5	11 −5	15 −10	±1.25	±2	±3.5	±5.5	±8	±12	±19	±31	±50	±80	±125
40	50														
50	65	6 −7	12 −7	18 −12	±1.5	±2.5	±4	±6.5	±9.5	±15	±23	±37	±60	±95	±150
65	80														

公称尺寸（mm）		公差带												
		j			js									
		公差等级												
大于	至	5	6	7	2	3	4	5	6	7	8	9	10	11	12
80	100	6 / −9	13 / −9	20 / −15	±2	±3	±5	±7.5	±11	±17	±27	±43	±70	±110	±175
100	120														
120	140	7 / −11	14 / −11	22 / −18	±2.5	±4	±6	±9	±12.5	±20	±31	±50	±80	±125	±200
140	160														
160	180														
180	200	7 / −13	16 / −13	25 / −21	±3.5	±5	±7	±10	±14.5	±23	±36	±57	±92	±145	±230
200	225														
225	250														
250	280	7 / −16	—	—	±4	±6	±8	±11.5	±16	±26	±40	±65	±105	±160	±255
280	315														
315	355	7 / −18	—	29 / −28	±4.5	±6.5	±9	±12.5	±18	±28	±44	±70	±115	±180	±285
355	400														
400	450	7 / −20	—	31 / −32	±5	±7.5	±10	±13.5	±20	±31	±48	±77	±125	±200	±315
450	500														

公称尺寸（mm）		公差带													
		k			m			n			p			r		
		公差等级													
大于	至	5	6	7	5	6	7	5	6	7	5	6	7	5	6	7
—	3	4 / 0	6 / 0	10 / 0	6 / 2	8 / 2	12 / 2	8 / 4	10 / 4	14 / 4	10 / 6	12 / 6	16 / 6	14 / 10	16 / 10	20 / 10
3	6	6 / 1	9 / 1	13 / 1	9 / 4	12 / 4	16 / 4	13 / 8	16 / 8	20 / 8	17 / 12	20 / 12	24 / 12	20 / 15	23 / 15	27 / 15
6	10	7 / 1	10 / 1	16 / 1	12 / 6	15 / 6	21 / 6	16 / 10	19 / 10	25 / 10	21 / 15	24 / 15	30 / 15	25 / 19	28 / 19	34 / 19

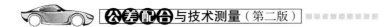

续上表

公称尺寸 （mm）		公差带													
		k			m			n			p			r		
		公差等级														
大于	至	5	6	7	5	6	7	5	6	7	5	6	7	5	6	7
10	14	9 1	12 1	19 1	15 7	18 7	25 7	20 12	23 12	30 12	26 18	29 18	36 18	31 23	34 23	41 23
14	18															
18	24	11 2	15 2	23 2	17 8	21 8	29 8	24 15	28 15	36 15	31 22	35 22	43 22	37 28	41 28	49 28
24	30															
30	40	13 2	18 2	27 2	20 9	25 9	34 9	28 17	33 17	42 17	37 26	42 26	51 26	45 34	50 34	59 34
40	50															
50	65	15 2	21 2	32 2	24 11	30 11	41 11	33 20	39 20	50 20	45 32	51 32	62 32	54 41	60 41	71 41
65	80													56 43	62 43	73 43
80	100	18 3	25 3	38 3	28 13	35 13	48 13	38 23	45 23	58 23	52 37	59 37	72 37	66 51	73 51	86 51
100	120													69 54	76 54	89 54
120	140	21 3	28 3	43 3	33 15	40 15	55 15	45 27	52 27	67 27	61 43	68 43	83 43	81 63	88 63	103 63
140	160													83 65	90 65	105 65
160	180													86 68	93 68	108 68
180	200	24 4	33 4	50 4	37 17	46 17	63 17	51 31	60 31	77 31	70 50	79 50	96 50	97 77	106 77	123 77
200	225													100 80	109 80	126 80
225	250													104 84	113 84	130 84
250	280	27 4	36 4	56 4	43 20	52 20	72 20	57 34	66 34	86 34	79 56	88 56	108 56	117 94	126 94	146 94
280	315													121 98	130 98	150 98
315	355	29 4	40 4	61 4	46 21	57 21	78 21	62 37	73 37	94 37	87 62	98 62	119 62	133 108	144 108	165 108
355	400													139 114	150 114	171 114
400	450	32 5	45 5	68 5	50 23	63 23	86 23	67 40	80 40	103 40	95 68	108 68	131 68	153 126	166 126	189 126
450	500													159 132	172 132	195 132

公称尺寸（mm）		公差带												
		s			t			u				v	x	y	z
		公差等级													
大于	至	5	6	7	5	6	7	5	6	7	8	6	6	6	6
—	3	18 / 14	20 / 14	24 / 14	—	—	—	22 / 18	24 / 18	28 / 18	32 / 18	—	26 / 20	—	32 / 26
3	6	24 / 19	27 / 19	31 / 19	—	—	—	28 / 23	31 / 23	35 / 23	41 / 23	—	36 / 28	—	43 / 35
6	10	29 / 23	32 / 23	38 / 23	—	—	—	34 / 28	37 / 28	43 / 28	50 / 28	—	43 / 34	—	51 / 42
10	14	36 / 28	39 / 28	46 / 28	—	—	—	41 / 33	44 / 33	51 / 33	60 / 33	—	51 / 40	—	61 / 50
14	18	36 / 28	39 / 28	46 / 28	—	—	—	41 / 33	44 / 33	51 / 33	60 / 33	50 / 39	56 / 45	—	71 / 60
18	24	44 / 35	48 / 35	56 / 35	—	—	—	50 / 41	54 / 41	62 / 41	74 / 41	60 / 47	67 / 54	76 / 63	86 / 73
24	30	44 / 35	48 / 35	56 / 35	50 / 41	54 / 41	62 / 41	57 / 48	61 / 48	69 / 48	81 / 48	68 / 55	77 / 64	88 / 75	101 / 88
30	40	54 / 43	59 / 43	68 / 43	59 / 48	64 / 48	73 / 48	71 / 60	76 / 60	85 / 60	99 / 60	84 / 68	96 / 80	110 / 94	128 / 112
40	50	54 / 43	59 / 43	68 / 43	65 / 54	70 / 54	79 / 54	81 / 70	86 / 70	95 / 70	109 / 70	97 / 81	113 / 97	130 / 114	152 / 136
50	65	66 / 53	72 / 53	83 / 53	79 / 66	85 / 66	96 / 66	100 / 87	106 / 87	117 / 87	133 / 87	121 / 102	141 / 122	163 / 144	191 / 172
65	80	72 / 59	78 / 59	89 / 59	88 / 75	94 / 75	105 / 75	115 / 102	121 / 102	132 / 102	148 / 102	139 / 120	165 / 146	193 / 174	229 / 210
80	100	86 / 71	93 / 71	106 / 71	106 / 91	113 / 91	126 / 91	139 / 124	146 / 124	159 / 124	178 / 124	168 / 146	200 / 178	236 / 214	280 / 258
100	120	94 / 79	101 / 79	114 / 79	119 / 104	126 / 104	139 / 104	159 / 144	166 / 144	179 / 144	198 / 144	194 / 172	232 / 210	276 / 254	332 / 310
120	140	110 / 92	117 / 92	132 / 92	140 / 122	147 / 122	162 / 122	188 / 170	195 / 170	210 / 170	233 / 170	227 / 202	273 / 248	325 / 300	390 / 365
140	160	118 / 100	125 / 100	140 / 100	152 / 134	159 / 134	174 / 134	208 / 190	215 / 190	230 / 190	253 / 190	253 / 228	305 / 280	365 / 340	440 / 415
160	180	126 / 108	133 / 108	148 / 108	164 / 146	171 / 146	186 / 146	228 / 210	235 / 210	250 / 210	273 / 210	277 / 252	335 / 310	405 / 380	490 / 465
180	200	142 / 122	151 / 122	168 / 122	186 / 166	195 / 166	212 / 166	256 / 236	265 / 236	282 / 236	308 / 236	313 / 284	379 / 350	454 / 425	549 / 520
200	225	150 / 130	159 / 130	176 / 130	200 / 180	209 / 180	226 / 180	278 / 258	287 / 258	304 / 258	330 / 258	339 / 310	414 / 385	499 / 470	604 / 575
225	250	160 / 140	169 / 140	186 / 140	216 / 196	225 / 196	242 / 196	304 / 284	313 / 284	330 / 284	356 / 284	369 / 340	454 / 425	549 / 520	669 / 640

续上表

公称尺寸（mm）		公差带													
		s			t			u				v	x	y	z
		公差等级													
大于	至	5	6	7	5	6	7	5	6	7	8	6	6	6	6
250	280	181 158	190 158	210 158	241 218	250 218	270 218	338 315	347 315	367 315	396 315	417 385	507 475	612 580	742 710
280	315	193 170	202 170	222 170	263 240	272 240	292 240	373 350	382 350	402 350	431 350	457 425	557 525	682 650	822 790
315	355	215 190	226 190	247 190	293 268	304 268	325 268	415 390	426 390	447 390	479 390	511 475	626 590	766 730	936 900
355	400	233 208	244 208	265 208	319 294	330 294	351 294	460 435	471 435	492 435	524 435	566 530	696 660	856 820	1036 1000
400	450	259 232	272 232	295 232	357 330	370 330	393 330	517 490	530 490	553 490	587 490	635 595	780 740	960 920	1140 1100
450	500	279 252	292 252	315 252	387 360	400 360	423 360	567 540	580 540	603 540	637 540	700 660	860 820	1040 1000	1290 1250

注：公称尺寸小于1mm时，各级的 a 和 b 均不采用。

附　表　4

孔的极限偏差表（μm）

公称尺寸 （mm）		公差带														
		A	B		C			D					E			F
		公差等级														
大于	至	11	11	12	10	11	12	7	8	9	10	11	8	9	10	6
—	3	330 270	200 140	240 140	100 60	120 60	160 60	30 20	34 20	45 20	60 20	80 20	28 14	39 14	54 14	12 6
3	6	345 270	2151 40	2601 40	118 70	145 70	190 70	42 30	48 30	60 30	78 30	105 30	38 20	50 20	68 20	18 10
6	10	370 280	240 150	300 150	138 80	170 80	230 80	55 40	62 40	76 40	98 40	130 40	47 25	61 25	83 25	22 13
10	14	400 290	260 150	330 150	165 95	205 95	275 95	68 50	77 50	93 50	120 50	160 50	59 32	75 32	102 32	27 16
14	18															
18	24	430 300	290 160	370 160	194 110	240 110	320 110	86 65	98 65	117 65	149 65	195 65	73 40	92 40	124 40	33 20
24	30															
30	40	470 310	330 170	420 170	220 120	280 120	370 120	105 80	119 80	142 80	180 80	240 80	89 50	112 50	150 50	41 25
40	50	480 320	340 180	430 180	230 130	290 130	380 130									
50	65	530 340	380 190	490 190	260 140	330 140	440 140	130 100	146 100	174 100	220 100	290 100	106 60	134 60	180 60	49 30
65	80	550 360	390 200	500 200	270 150	340 150	450 150									
80	100	600 380	440 220	570 220	310 170	390 170	520 170	155 120	174 120	207 120	260 120	340 120	126 72	159 72	212 72	58 36
100	120	630 410	460 240	590 240	320 180	400 180	530 180									
120	140	710 460	510 260	660 260	360 200	450 200	600 200	185 145	208 145	245 145	305 145	395 145	148 85	185 85	245 85	68 43
140	160	770 520	530 280	680 280	370 210	460 210	610 210									
160	180	830 580	560 310	710 310	390 230	480 230	630 230									

公称尺寸（mm）		公差带														
		A	B		C			D					E			F
		公差等级														
大于	至	11	11	12	10	11	12	7	8	9	10	11	8	9	10	6
180	200	950/660	630/340	800/340	425/240	530/240	700/240	216/170	242/170	285/170	355/170	460/170	172/100	215/100	285/100	79/50
200	225	1030/740	670/380	840/380	445/260	550/260	720/260									
225	250	1110/820	710/420	880/420	465/280	570/280	740/280									
250	280	1240/920	800/480	1000/480	510/300	620/300	820/300	242/190	271/190	320/190	400/190	510/190	191/110	240/110	320/110	88/56
280	315	1370/1050	860/540	1060/540	540/330	650/330	850/300									
315	355	1560/1200	960/600	1170/600	590/360	720/360	930/360	267/210	299/210	350/210	440/210	570/210	214/125	265/125	355/125	98/62
355	400	1710/1350	1040/680	1250/680	630/400	760/400	970/400									
400	450	1900/1500	1160/760	1390/760	690/440	840/440	1070/440	293/230	327/230	385/230	480/230	630/230	232/135	290/135	385/135	108/68
450	500	2050/1650	1240/840	1470/840	730/480	880/480	1110/480	230	230	230	230	230	135	135	135	68

公称尺寸（mm）		公差带														
		F			G			H								
大于	至	7	8	9	5	6	7	5	6	7	8	9	10	11	12	13
—	3	16/6	20/6	31/6	6/2	8/2	12/2	4/0	6/0	10/0	14/0	25/0	40/0	60/0	100/0	140/0
3	6	22/10	28/10	40/10	9/4	12/4	16/4	8/0	8/0	12/0	18/0	30/0	48/0	75/0	120/0	180/0
6	10	28/13	35/13	49/13	11/5	14/5	20/5	9/0	9/0	15/0	22/0	36/0	58/0	90/0	150/0	220/0
10	14	34/16	43/16	59/16	14/6	17/6	24/6	11/0	11/0	18/0	27/0	43/0	70/0	110/0	180/0	270/0
14	18															
18	24	41/20	53/20	72/29	16/7	20/7	28/7	13/0	13/0	21/0	33/0	52/0	84/0	130/0	210/0	330/0
24	30															
30	40	50/25	64/25	87/25	20/9	25/9	34/9	16/0	16/0	25/0	39/0	62/0	100/0	160/0	250/0	390/0
40	50															
50	65	60/30	76/30	104/30	23/10	29/10	40/10	19/0	19/0	30/0	46/0	74/0	120/0	190/0	300/0	460/0
65	80															

公称尺寸 (mm)		公差带														
		F			G			H								
大于	至	7	8	9	5	6	7	5	6	7	8	9	10	11	12	13
80	100	71	90	123	27	34	47	22	22	35	54	87	140	220	350	540
100	120	36	36	36	12	12	12	0	0	0	0	0	0	0	0	0
120	140	83	106	143	32	39	54	25	25	40	63	100	160	250	400	630
140	160	43	43	43	14	14	14	0	0	0	0	0	0	0	0	0
160	180															
180	200	96	122	165	35	44	61	29	29	46	72	115	185	290	460	720
200	225	50	50	50	15	15	15	0	0	0	0	0	0	0	0	0
225	250															
250	280	108	137	186	40	49	69	32	32	52	81	130	210	320	520	810
280	315	56	56	56	17	17	17	0	0	0	0	0	0	0	0	0
315	355	119	151	202	43	54	75	36	36	57	89	140	230	360	570	m
355	400	62	62	62	18	18	18	0	0	0	0	0	0	0	0	0
400	450	131	165	223	47	60	83	40	40	63	97	155	250	400	630	970
450	500	68	68	68	20	20 +	20	0	0	0	0	0	0	0	0	0

公称尺寸 (mm)		公差带												
		J			Js						K			M		
大于	至	6	7	8	5	6	7	8	9	10	6	7	8	6	7	8
–	3	2 / −4	4 / −6	6 / −8	±2	±3	±5	±7	±12	±20	0 / −6	0 / −10	0 / −14	−2 / −8	−2 / −12	−2 / −16
3	6	5 / −3	—	10 / −8	±2.5	±4	±6	±9	±15	±24	2 / −6	3 / −9	5 / −13	−1 / −9	0 / −12	2 / −16
6	10	5 / −4	8 / −7	12 / −10	±3	±4.5	±7	±11	±18	±29	2 / −7	5 / −10	6 / −16	−3 / −12	0 / −15	1 / −21
10	14	6 / −5	10 / −8	15 / −12	±4	±5.5	±9	±13	±21	±35	2 / −9	6 / −12	8 / −19	−4 / −15	0 / −18	2 / −25
14	18															
18	24	8 / −5	12 / −9	20 / −13	±4.5	±6.5	±10	±16	±26	±42	2 / −11	6 / −15	10 / −23	−4 / −17	0 / −21	4 / −29
24	30															
30	40	10 / −6	14 / −11	24 / −15	±5.5	±8	±12	±19	±31	±50	3 / −13	7 / −18	12 / −27	−4 / −20	0 / −25	5 / −34
40	50															

公称尺寸（mm）		公差带															
		J			Js						K			M		
大于	至	6	7	8	5	6	7	8	9	10	6	7	8	6	7	8
50	65	13 −6	18 −12	28 −18	±6.5	±9.5	±15	±23	±37	±60	4 −15	9 −21	14 −32	−5 −24	0 −30	5 −41
65	80															
80	100	16 −6	22 −13	34 −20	±7.5	±11	±17	±27	±43	±70	8 −18	10 −25	16 −38	−5 −28	0 −35	6 −48
100	120															
120	140	18 −7	26 −14	41 −22	±9	±12.5	±20	±31	±50	±80	4 −21	12 −28	20 −43	−8 −33	0 −40	8 −55
140	160															
160	180															
180	200	22 −7	30 −16	47 −25	±10	±14.5	±23	±36	±57	±92	5 −24	13 −33	22 −50	−8 −37	0 −46	9 −63
200	225															
225	250															
250	280	25 −7	36 −16	55 −26	±11.5	±16	±26	±40	±65	±105	5 −27	16 −36	25 −56	−9 −41	0 −52	9 −72
280	315															
315	355	29 −7	39 −18	60 −29	±12.5	±18	±28	±44	±70	±115	7 −29	17 −40	28 −61	−10 −46	0 −57	11 −78
355	400															
400	450	33 −7	43 −20	66 −31	±13.5	±20	±31	±48	±77	±125	8 −32	18 −45	29 −68	−10 −50	0 −63	11 −86
450	500															

公称尺寸（mm）		公差带													
		N			P				R			S		T	U
大于	至	6	7	8	6	7	8	9	6	7	8	6	7	6	7	7
—	3	−4 −10	−4 −14	−4 −18	−6 −12	−6 −16	−6 −20	−6 −31	−10 −16	−10 −20	−10 −24	−14 −20	−14 −24	—	—	−18 −28
3	6	−5 −13	−4 −16	−2 −20	−9 −17	−8 −20	−12 −30	−12 −42	−12 −20	−11 −23	−15 −33	−16 −24	−15 −27	—	—	−19 −31
6	10	−7 −16	−4 −19	−3 −25	−12 −21	−9 −24	−15 −37	−15 −51	−16 −25	−13 −28	−19 −41	−20 −29	−17 −32	—	—	−22 −37
10	14	−9 −20	−5 −23	−3 −30	−15 −26	−11 −29	−18 −45	−18 −61	−20 −31	−16 −34	−23 −50	−25 −36	−21 −39	—	—	−26 −44
14	18															

公称尺寸 (mm)		公差带														
		N			P				R			S		T		U
大于	至	6	7	8	6	7	8	9	6	7	8	6	7	6	7	7
18	24	−11 / −24	−7 / −28	−3 / −36	−18 / −31	−14 / −35	−22 / −55	−22 / −74	−24 / −37	−20 / −41	−28 / −61	−31 / −44	−27 / −48	—	—	−33 / −54
24	30													−37 / −50	−33 / −54	−40 / −61
30	40	−12 / −28	−8 / −33	−3 / −42	−21 / −37	−17 / −42	−26 / −65	−26 / −88	−29 / −45	−25 / −50	−34 / −73	−38 / −54	−34 / −59	−43 / −59	−39 / −64	−51 / −76
40	50													−49 / −65	−45 / −70	−61 / −86
50	65	−14 / −33	−9 / −39	−4 / −50	−26 / −45	−21 / −51	−32 / −78	−32 / −106	−35 / −54	−30 / −60	−41 / −87	−47 / −66	−42 / −72	−60 / −79	−55 / −85	−76 / −106
65	80								−37 / −56	−32 / −62	−43 / −89	−53 / −72	−48 / −78	−69 / −88	−64 / −94	−91 / −121
80	100	−16 / −38	−10 / −45	−4 / −58	−30 / −52	−24 / −59	−37 / −91	−37 / −124	−44 / −66	−38 / −73	−51 / −105	−64 / −86	−58 / −93	−84 / −106	−78 / −113	−111 / −146
100	120								−47 / −69	−41 / −76	−54 / −108	−72 / −94	−66 / −101	−97 / −119	−91 / −126	−131 / −166
120	140	−20 / −45	−12 / −52	−4 / −67	−36 / −61	−28 / −68	−43 / −106	−43 / −143	−56 / −81	−48 / −88	−63 / −126	−85 / −110	−77 / −117	−115 / −140	−107 / −147	−155 / −195
140	160								−58 / −83	−50 / −90	−65 / −128	−93 / −118	−85 / −125	−127 / −152	−119 / −159	−175 / −215
160	180								−61 / −86	−53 / −93	−68 / −131	−101 / −126	−93 / −133	−139 / −164	−131 / −171	−195 / −235
180	200	−22 / −51	−14 / −60	−5 / −77	−41 / −70	−33 / −79	−50 / −122	−50 / −165	−68 / −97	−60 / −106	−77 / −149	−113 / −142	−105 / −151	−157 / −186	−149 / −195	−219 / −265
200	225								−71 / −100	−63 / −109	−80 / −152	−121 / −150	−113 / −159	−171 / −200	−163 / −209	−241 / −287
225	250								−75 / −104	−67 / −113	−84 / −156	−131 / −160	−123 / −169	−187 / −216	−179 / −225	−267 / −313
250	280	−25 / −57	−14 / −66	−5 / −86	−47 / −79	−36 / −88	−56 / −137	−56 / −186	−85 / −117	−74 / −126	−94 / −175	−149 / −181	−138 / −190	−209 / −241	−198 / −250	−295 / −347
280	315								−89 / −121	−78 / −130	−98 / −179	−161 / −193	−150 / −202	−231 / −263	−220 / −272	−330 / −382
315	355	−26 / −62	−16 / −73	−5 / −94	−51 / −87	−41 / −98	−62 / −151	−62 / −202	−97 / −133	−87 / −144	−108 / −197	−179 / −215	−169 / −226	−257 / −293	−247 / −304	−369 / −426
355	400								−103 / −139	−93 / −150	−114 / −203	−197 / −233	−187 / −244	−283 / −319	−273 / −330	−414 / −471
400	450	−27 / −67	−17 / −80	−6 / −103	−55 / −95	−45 / −108	−68 / −165	−68 / −223	−113 / −153	−103 / −166	−126 / −223	−219 / −259	−209 / −272	−317 / −357	−307 / −370	−467 / −530
450	500								−119 / −159	−109 / −172	−132 / −229	−239 / −279	−229 / −292	−347 / −387	−337 / −400	−517 / −580

注：公称尺寸小于 1mm 时，大于 IT8 的 N 不采用。

参 考 文 献

［1］邢凤娟. 机械识图［M］. 北京:中国劳动社会保障出版社,2012.

［2］宋文革. 极限配合与技术测量基础［M］. 北京:中国劳动社会保障出版社,2012.

［3］王希波. 极限配合与技术测量［M］. 北京:中国劳动社会保障出版社,2011.

［4］张洪源. 公差配合与技术测量［M］. 北京:人民交通出版社,2005.

人民交通出版社汽车类技工教材部分书目

一、全国交通技工院校汽车运输类专业规划教材（第五轮）

书　号	书　名	作　者	定　价	出版时间	课　件
978-7-114-10637-8	汽车文化	杨雪茹	35.00	2016.08	有
978-7-114-10648-4	钳工工艺	李永吉	17.00	2014.08	有
978-7-114-10459-6	汽车机械基础	刘根平	22.00	2016.07	有
978-7-114-10458-9	汽车发动机结构与拆装	程　晟	27.00	2015.06	有
978-7-114-10456-5	汽车底盘结构与拆装	王　健	39.00	2015.06	有
978-7-114-10686-6	汽车电器结构与拆装	许云珍	30.00	2016.05	有
978-7-114-10604-0	汽车使用与日常维护	李春生	25.00	2016.02	有
978-7-114-10527-2	汽车发动机检修	王忠良	39.00	2015.06	有
978-7-114-10573-9	汽车变速器与驱动桥检修	戴良鸿	28.00	2016.05	有
978-7-114-10454-1	汽车转向、悬架和制动系统检修	樊海林	24.00	2015.05	有
978-7-114-10627-9	汽车实用英语	杨意品	17.00	2013.07	有
978-7-114-10518-0	汽车服务企业管理	应建明	19.00	2016.07	有
978-7-114-10536-4	汽车结构与拆装	邢春霞	40.00	2015.07	有
978-7-114-10457-2	汽车钣金基础	姚秀驰	32.00	2013.05	有
978-7-114-10444-2	汽车车身碰撞估损	石　琳	23.00	2017.07	有
978-7-114-10612-5	汽车美容	彭本忠	20.00	2015.06	有
978-7-114-10758-0	汽车装饰与改装	梁　登	32.00	2013.08	有
978-7-114-10580-7	汽车营销	郑超文	25.00	2016.05	有
978-7-114-10477-0	汽车配件管理	卫云贵	25.00	2015.02	
978-7-114-10597-5	汽车营销法规	邵伟军	23.00	2013.06	有
978-7-114-10528-9	汽车保险与理赔	刘冬梅	22.00	2016.05	有
978-7-114-10999-7	汽车电器与空调系统检修	潘承炜	45.00	2015.05	有
978-7-114-11135-8	汽车车身涂装	曾志安	32.00	2014.03	有
978-7-114-10881-5	汽车营销礼仪	吴晓斌	30.00	2015.08	有

二、全国中等职业技术学校汽车类专业通用教材

书　号	书　名	作　者	定　价	出版时间	课　件
978-7-114-13417-3	汽车发动机构造与维修（第二版）	吕秋霞	43.00	2016.12	有
978-7-114-13818-8	汽车发动机构造与维修习题集及习题集解（第二版）	吕秋霞	15.00	2017.06	
978-7-114-13016-8	汽车底盘构造与维修（第二版）	徐华东	32.00	2016.07	有
978-7-114-13479-1	汽车底盘构造与维修习题集及习题集解	徐华东	21.00	2016.12	
978-7-114-13007-6	汽车电气设备构造与维修（第二版）	张茂国	42.00	2016.07	有
978-7-114-13521-7	汽车电气设备构造与维修习题集及习题集解	张茂国	23.00	2016.12	
978-7-114-13227-8	机械识图（第二版）	冯建平	25.00	2016.12	
978-7-114-13350-3	机械识图习题集及习题集解（第二版）	冯建平	25.00	2016.11	
978-7-114-12997-1	电工与电子技术基础（第二版）	窦敬仁	34.00	2016.07	有
978-7-114-12891-2	汽车专业英语（第二版）	王　蕾	15.00	2016.05	有
978-7-114-13014-4	汽车故障诊断与检测技术（第二版）	王　囤	36.00	2016.07	有
978-7-114-13169-1	汽车维修基础（第二版）	毛兴中	24.00	2016.08	有
978-7-114-13136-3	汽车运用基础（第二版）	冯宝山	29.00	2016.07	有

书　号	书　名	作　者	定　价	出版时间	课　件
978-7-114-13200-1	汽车电路识图（第二版）	田小农	21.00	2016.09	有
978-7-114-13162-2	钳工与焊接工艺（第二版）	宋庆阳	22.00	2016.07	有
978-7-114-13296-4	汽车维修企业管理（第二版）	杨建良	19.00	2016.09	有
978-7-114-11750-3	汽车安全驾驶技术（第二版）	范　立	39.00	2016.05	有
即将出版	汽车故障诊断与综合检测（第二版）	杨永先			有
978-7-114-13738-9	发动机与汽车理论（第二版）	徐华东	16.00	2017.06	有
即将出版	汽车维修案例分析（第二版）	王　征			有
即将出版	汽车维修标准与规范（第二版）	杨承明			有
即将出版	汽车服务工程（第二版）	王旭荣			有
即将出版	公差配合与技术测量（第二版）	刘　涛			有
即将出版	新能源汽车概论	樊海林			有
即将出版	汽车单片机及车载网络系统（第二版）	林为群			有
即将出版	专业技术论文与科研报告撰写（第二版）	裘玉平			有

三、国家示范性中职院校工学结合一体化课程改革教材

书　号	书　名	作　者	定　价	出版时间	课　件
978-7-114-11778-7	汽车电学基础	梁　勇、唐李珍	18.00	2016.05	有
978-7-114-11757-2	汽车检测与维修技术（初级学习领域一）	赵晚春、李爱萍	28.00	2016.05	有
978-7-114-11766-4	汽车检测与维修技术（初级学习领域二）	刘小强、黄　磊	21.00	2016.02	有
978-7-114-11779-4	汽车检测与维修技术（中级学习领域一）	梁　华、何弘亮	28.00	2015.01	有
978-7-114-11820-3	汽车检测与维修技术（中级学习领域二）	莫春华、雷　冰	32.00	2015.02	有
978-7-114-11933-0	汽车检测与维修技术（高级学习领域一）	潘利丹、李宣箱	23.00	2015.03	有
978-7-114-11944-6	汽车检测与维修技术（高级学习领域二）	张东山、韦　坚	34.00	2015.03	有
978-7-114-11880-7	汽车车身修复基础	冯培林、韦军新	42.00	2016.05	有
978-7-114-11844-9	汽车车身修复技术	冯培林、韦军新	39.00	2015.03	有
978-7-114-11885-2	汽车商务口语	郑超文、林柳波	23.00	2016.05	有
978-7-114-11973-6	二手车销售实务	陆向华	26.00	2015.04	有
978-7-114-12087-9	运输实务管理	谢毅松	22.00	2015.05	有
978-7-114-12098-5	仓储与配送	谢毅松、罗　莎	24.00	2015.05	有

四、全国交通中等职业技术学校通用教材（第四轮）

书　号	书　名	作　者	定　价	出版时间	课　件
978-7-114-05244-6	汽车发动机构造与维修	张弟宁	45.00	2014.07	
978-7-114-05184-5	汽车底盘构造与维修	崔振民	32.00	2015.06	
978-7-114-05188-3	汽车电气设备构造与维修	张茂国	36.00	2015.04	
978-7-114-05176-0	汽车故障诊断与检测技术	杨海泉	30.00	2016.02	
978-7-114-05207-1	汽车运用基础	冯宝山	18.00	2015.07	
978-7-114-05243-9	汽车维修基础	毛兴中	18.00	2015.01	
978-7-114-05208-8	计算机应用基础	王骁勇	28.00	2008.03	
978-7-114-05190-6	机械识图	冯建平	18.00	2016.07	
978-7-114-05162-3	机械识图习题集及习题集解	冯建平	28.00	2016.06	
978-7-114-05193-7	钳工与焊接工艺	宋庆阳	19.00	2015.12	

咨询电话：010-85285962010-85285977. 咨询QQ：616507284；99735898